Gerhard Weber

# Rosen für naturnahe Gärten

# Inhalt

# Vorwort

## ZEITGEMÄSSES GÄRTNERN MIT ROSEN – DER NATURNAHE GARTEN

Gärten waren immer auch Spiegel der Geisteshaltung einer Gesellschaft. Das zunehmende Erkennen, dass die Ressourcen der Erde begrenzt sind und die Menschen die Folgen ihrer Eingriffe in das Naturgefüge früher oder später zu fühlen bekommen, bewirkte allmählich auch ein neues Gartenbewusstsein. Auf den Erkenntnissen der Ökologie, dass sich artenreiche Lebensgemeinschaften zu stabileren Systemen fügen, Monokulturen hingegen großen Aufwand an Fremdenergie, Düngung, Schädlings- und Unkrautbekämpfung brauchen, gründet die Idee der naturnahen Gärten.

Heute wissen wir, dass Gärtnern im Einklang mit der Natur durchaus auch mit ästhetischen Ansprüchen zu vereinbaren ist. Gärtnern war immer vom menschlichen Einfluss und Gestaltungswillen geprägt. Wir haben bei den Gestaltungsmitteln jedoch freie Wahl zwischen standortgemäßen oder -fremden Pflanzen.

So war etwa die strenge Uniformität der barocken Gärten zur Hochblütezeit der Alleinherrschaft Ausdruck der Unterwerfung auch der Natur.

Ende des 17. Jahrhunderts begannen die Monarchen Europas viele ihrer uneingeschränkten Rechte zu verlieren und auch die Gartengestaltung gab Freiräumen und der Formensprache der Natur mehr und mehr Raum. Die Idee der englischen Landschaftsparks setzte sich durch.

In der Zeit der industriellen Revolution erzwangen soziale und hygienische Nöte die Schaffung von öffentlichem Grün. Der Wirtschaftsaufschwung der Nachkriegszeit ging mit der Überzeugung einher, Technik und Natur beherrschen zu können. Uniforme großflächige Auspflanzungen besonders von Rosen zeugten davon, waren als Monokulturen aber nur mit dem intensiven Einsatz chemischer Mittel beherrschbar.

Natürlich stellt auch ein naturnaher Garten einen Eingriff in ein Ökosystem dar. Auch hier sind überlegte menschliche Maßnahmen notwendig, deren Wirkung auf das Gesamtgefüge im Garten mitbedacht werden muss. Der Naturgarten fördert und schärft den Blick fürs Lebendige, und dieses findet sich nicht nur in der dominanten Überfülle einer Zuchtform, sondern auch in den bezaubernden Formen der Wildrosen, im Detail einer Blüte, eines Blattes.

An uns liegt es, im naturnahen Garten die Rahmenbedingungen für ein ergänzendes Miteinander der tierischen und pflanzlichen Gartenbewohner zu schaffen.

Gerhard Weber
Baden, im Mai 2005

# Kein Garten ohne Rosen

Nach langen Jahren, in denen ausschließlich die Blütenpracht Ziel aller Züchtungen war, stehen heute Eigenschaften wie Duft, Blütendauer und Pflanzengesundheit gleichwertig im Interesse vieler Züchter und Hobbygärtner.
Es gibt zahlreiche Rosensorten, die dem Wunsch nach unkomplizierter Kultur gerecht werden und – an den passenden Standort und in optimal vorbereiteten Boden gepflanzt – wenig Arbeit und viel Freude bereiten. Nicht nur mit schönen und duftenden Blüten, sondern auch als Bienenweide, als Vogelschutzgehölz und mit herrlichem Hagebuttenschmuck.

# Der Boden – was gut wachsen will, muss tief wurzeln

## Bodenschutz, Bodenvorbereitung und -verbesserung

Der Boden bildet einen Gesamtorganismus, der durch Zusammenwirken organischer und anorganischer Einzelfaktoren seine Lebens- und Leistungsfähigkeit erhält. Besonders bei Baumaßnahmen im Gartenbereich wird dem Gärtner des Öfteren schwer ums Herz. Große Baumaschinen fahren bei denkbar ungünstiger Witterung und nassem Boden kreuz und quer und verdichten das sensible Bodengefüge zu einer betonartigen Sperrschicht. Damit sind natürlich alle kapillaren Verbindungen unterbrochen und zerstört, so dass der lebensnotwendige Feuchtigkeits- und Luftaustausch zwischen Unter- und Oberboden nicht stattfinden kann. Eine solche Sperrschicht führt zu Staunässe, auch wenn darüber oft »kosmetisch« Erde aufgebracht wird. Das Wasser kann nicht abfließen und wird gleichsam wie in einer Wanne angestaut. Da in solch verdichteten Böden kaum Sauerstoff zur Verfügung steht, kann sich keine lebensfähige Mikroorganismengemeinschaft halten.

**ROSEN BRAUCHEN LOCKERE, HUMUSREICHE BÖDEN** Besonders Rosen leiden stark unter Staunässe und Sperrschichten im Boden. Sie brauchen als Tiefwurzler eine lockere Bodenschicht von mindestens 80 cm

Die gleiche Rosensorte – einmal auf gutem Boden, einmal über einer Sperrschicht in 30 cm Tiefe gepflanzt. Das Wurzelvolumen bestimmt den oberirdischen Teil.

Tiefe, die von den Feinwurzeln leicht erschlossen werden kann. Daher sollte schon beim Bau eines Hauses die künftige Gartennutzung mitgeplant sein, damit, wenn nicht überhaupt vermeidbar, die schweren Transportfahrzeuge nicht dort fahren, wo künftig Schmuckbeete mit ihrem Bedarf an gutem Boden den Garten zieren sollen. Oft werden bei Neubauten über die verdichtete Bodenschicht einige Zentimeter Grunderde aufgebracht und der Garten befindet sich scheinbar in einem wunderbaren, bepflanzungsfähigen Zustand. Die oberflächliche, schöne Humusschicht verbirgt aber nur den vollkommen verdichteten Mutterboden oder sogar Ablagerungen von Bauschutt – unzumutbare Wuchsbedingungen für Rosenbepflanzungen.

**BODENLOCKERUNG DURCH FROSTGARE** Eine gute Form der Bodenbearbeitung und -lockerung bei schweren Böden ist die Frostgare. Dabei wird im Herbst der Boden spatentief umgestochen, die Schollen bleiben liegen. Das Durchfrieren und Aufgehen der Erde während des Winters lässt sie feinkrümelig zerfallen und im Frühjahr liegt dann eine gute Pflanzfläche vor. Verbessert werden kann die Situation noch durch Gründüngungspflanzen, z.B. die tief wurzelnde Lupinie oder Luzerne. Sie durchstoßen die Sperrschichten und aktivieren das Bodenleben. Werden die Pflanzen im Herbst eingearbeitet (unbedingt bevor sie aussamen), bringen sie auch noch Nährstoffe ein.

**BODENVERBESSERUNG** Zur Bodenverbesserung kommen verschiedene Möglichkeiten in Frage. Ist der Boden so verdichtet, dass kein gutes Pflanzenwachstum zu erwarten ist, müssen vorhandene Sperrschichten mit entsprechenden Geräten aufgebrochen werden. Der vollkommene Bodenabtrag ist im Naturgarten keine empfehlenswerte Alternative. Oft wird schon durch gezielte Zugabe von Kompost, Sand und humoser Erde eine deutliche Verbesserung der Bodenstruktur erreicht.

Rosen leiden stark unter Staunässe und Sperrschichten im Boden, sie brauchen lockere, humusreiche Böden, die von ihren Feinwurzeln leicht erschlossen werden können.

**TIPP** Wie die Verteilung von lehmigen und sandigen Anteilen in Ihrem Gartenboden aussieht, lässt sich auf einfache Weise mit der Spatenprobe feststellen. Sandige Böden lassen sich leicht umgraben, der Boden zerfällt locker und feinkrümelig. Stark lehmige oder schwere Tonböden hingegen zerfallen kaum, große Schollen bleiben liegen. Sie lassen sich zwischen den Händen zu Rollen formen.

Gartenrosen kommen – extreme Sand- oder Tonböden ausgenommen – mit vielen nährstoffreichen Böden zurecht.

## Böden für Gartenrosen

**WELCHEN BODEN BEVORZUGEN ROSEN?** Fälschlich wird oft reiner Lehmboden als ideales Rosensubstrat genannt. Gartenrosen kommen aber mit vielen nährstoffreichen Böden zurecht, mit Ausnahme von extrem durchlässigen oder ganz schweren Tonböden. Ein guter Rosenboden setzt sich aus Humus, Lehm und sandigen Anteilen zusammen.

**SANDIGE BÖDEN** Sandböden wären grundsätzlich dank ihrer Lockerheit und Luftdurchlässigkeit gute Böden, wäre da nicht der Nachteil, dass sie kaum Wasser zu halten und Nährstoffe zu binden vermögen. Daher bedarf es einer Aufbesserung durch Beimengung von Humus und Kompost sowie durch Zugabe von Urgesteinsmehl, um Speicherfähigkeit und Nährstoffversorgung zu verbessern.

**LEHMIGE BÖDEN** Im Gegensatz dazu haben lehmige Böden aufgrund ihrer guten Versorgung mit Tonanteilen eine große Oberfläche, die sowohl Wasser als auch Nährstoffe binden und den Rosen zur Verfügung stellen kann. Ein sehr hoher Lehmanteil, wie er oft in Weinbaugebieten zu finden ist, setzt jedoch die Wasserdurchlässigkeit und Durch-

## Bodenarten

### SANDIGE BÖDEN

**VORTEILE**

- locker, luftdurchlässig, warme Böden

**NACHTEILE**

- schlechte Wasserspeicherkapazität und Nährstoffbindung

**VERBESSERUNG**

- Zugabe von Urgesteinsmehl, Humus und Kompost

### LEHMIGE BÖDEN

**VORTEILE**

- gute Wasserspeicherkapazität und Nährstoffbindung

**NACHTEILE**

- Gefahr von Staunässe, schlechte Durchlüftung, Verkrustung der Oberfläche bei Trockenheit

**VERBESSERUNG**

- Zugabe von reinem Quarzsand und Kompost

lüftung des Bodens stark herab. Diese so genannten kalten Böden erwärmen sich im Frühjahr aufgrund ihrer Wassersättigung sehr langsam und verklumpen beim Umgraben. In Trockenzeiten verkrustet die Oberfläche und lässt dann darauf folgende Niederschläge oberflächlich abfließen, ohne dass sie der Pflanze zugute kommen. Bei derartig schweren Böden wird bis zu 30% reiner Quarzsand eingebracht, um die erforderliche Lockerheit des Bodens zu erreichen. Liegt der pH-Wert des Bodens im alkalischen Bereich (über 7), sollte es sich um kalkfreien Quarzsand handeln. Ansonsten wird der gewünschte Effekt der Lockerung wieder unterbunden, da kalkhaltige Sande durch Wechselwirkungen im Boden zu Verklumpungen führen können.

## Böden für Wildrosen

Wildrosen sind bei weitem anspruchsloser als die durch Züchtung und Pflege immer weiter entwickelten Edelrosen. Sie fühlen sich oft auf sonnigen, kargen, schotterhältigen Böden oder

Wildrosen sind pflegeleichter als Edelrosen. Die besten Hinweise auf ihre Ansprüche geben ihre natürlichen Standorte.

auf Sandfluren wohl. Die besten Hinweise auf die Ansprüche von Wildrosensorten geben ihre natürlichen Standorte. Wildrosen, die an Waldrändern, im lichten Laubwald oder Gebüschen am Wegrand wachsen, bevorzugen einen steinigen, sandigen, lehmigen, stickstoffhaltigen und sonnigen Standort. Andere Arten wiederum sind auf kalkreiche, felsige Böden angewiesen, wie z. B. die Heimische Apfelrose *(Rosa villosa)*.

**TIPP Allgemein gilt: Je öfter und üppiger Rosen im Jahr blühen, desto höhere Ansprüche stellen sie an den Boden.**

## Bodenmüdigkeit

Ein noch unerforschtes Phänomen, das jedoch unausweichlich bei der Neupflanzung von Rosen zu Tage tritt, ist die alte Gärtnerweisheit, dass Rosen nicht auf Rosen folgen können. Vielfach wird beschrieben, dass eine einjährige Wartefrist in Verbindung mit der Auspflanzung von Studentenblumen (Tagetes) Abhilfe schaffen kann. Die Erfahrung zeigt jedoch, dass der Versuch, der Bodenmüdigkeit mit dieser Methode beizukommen, ein frommer Wunsch bleibt. Wirklich langfristige Erfolge bringt nur der schweißtreibende Austausch des Rosenbodens. Dabei wird die Rosenerde ca. 60 cm tief und in einem möglichst großen Bereich abgehoben. Diese kann anderswo im Garten Verwendung finden, sie ist ja nur für Rosen unbrauchbar. Für die Rosenpflanzung wird gute, mit Kompost versetzte, lockere, humusreiche Erde eingebracht. Der Kompost darf dabei nur den oberen 20 cm beigemengt werden.

**TIPP ROSEN LIEBEN GUTEN KOMPOST: Den stark nährstoffbedürftigen Rosen tut eine um den Strauch gelegte, dünne Kompostschicht besonders gut. Der günstigste Zeitraum zum Ausbringen ist zwischen Frühjahr und Sommer. Reifer Kompost wirkt nicht nur bodenverbessernd, sondern ist auch ein gehaltvoller Dünger.**

## Vielseitiger Kompost

Kompost vermag den Pflanzen weit mehr zu geben, als dies mineralische Dünger können. Seine krümelige Struktur verbessert den Bodenaufbau, die millionenfach enthaltenen Mikroorganismen bereiten die im Boden enthaltenen Nährstoffe für die Pflanzen so auf, dass diese von den feinen, zarten Wurzeln aufgenommen werden können. Kompost ist also weit mehr als nur Erde, er ist auch Dünger und Strukturverbesserer.

#### ANLAGE & AUFBAU DES KOMPOSTES

- Suchen Sie für den Komposthaufen einen halbschattigen, unbefestigten Platz im Garten. Die uneingeschränkte Verbindung zum Unterboden stellt sicher, dass sich Mikroorganismen und Kompostwürmer je nach ihren Lebensbedürfnissen und den Verhältnissen im Komposthaufen in den Unterboden zurückziehen können, um dann bei Bedarf wieder hinaufzuwandern.
- Die Basis bildet eine luft- und wasserdurchlässige Schicht aus Zweigen und dünnen Ästen (Strukturmaterial). Darauf folgt eine Schicht aus verrottbaren Küchenabfällen, Blättern und Rasenschnitt, dann wieder Strukturmaterial usw.
- Die Abfälle auf dem Komposthaufen müssen immer gut zerkleinert sein, das spart Platz und fördert die Verrottung. Rasenschnitt sollte vorher ein wenig antrocknen und nicht in zu großen Klumpen aufgesetzt werden, weil das zu Luftmangel und damit Bedingungen führt, die eine Verrottung unmöglich machen.
- In jede der aufgebrachten Schichten kommt als »Impfung« eine Schaufel fertiger Kompost. Mit diesem »Startpaket« aus Millionen von Mikroorganismen setzt der Verrottungsprozess schneller ein. Auch Kompoststarter oder -beschleuniger aus dem Fachhandel enthalten Mikroorganismen und hilfreiche Zutaten wie Kräuterextrakte und Spurenelemente. Ein besonders wertvoller Zuschlagsstoff ist Steinmehl. Es schafft in der Rosenkultur durch das Bestäuben der Blätter Abhilfe bei Läuseproblemen, bietet im Komposthaufen

Reifer Kompost ist idealer Dünger und verbessert die Bodenstruktur.

Zusatznahrung für die Mikroorganismen und bindet unangenehme Gerüche.

⁘ Die Zersetzung geht am schnellsten voran, wenn kohlenstoffreiches Material (Stroh, Holzabfälle, trockenes Herbstlaub) und stickstoffreiche Rohstoffe (Rasenschnitt, frische Blätter von Gartenpflanzen) gemischt werden. Dieses Verhältnis von Kohlenstoff zu Stickstoff steuert den Verrottungsprozess. Ist es mit etwa 30:1 ausgewogen, sind keine Zuschlagsstoffe erforderlich. Überwiegt das kohlenstoffhaltige Material, muss Stickstoff von außen zugeführt werden. Brennnesseljauche, Horn- oder Blutmehle bieten hier Abhilfe. Ist das Ausgangsmaterial stark sauer wie z.B. bei großen Nadelstreuanteilen oder manchen Herbstlaubarten, so empfehlen sich Kalkzugaben.

**TIPP** **Ob der Kompost bereits fertig ist und nicht durch »scharfe« Stoffe zu Wurzel- oder Blattverbrennungen führen kann, lässt sich am besten durch den Kressetest feststellen. In einem kleinen Gefäß mit Komposterde wird Kresse ausgesät. Wachsen die Keimlinge zügig und kräftig heran, so ist der Kompost verwendbar. Keimt die Kresse jedoch kümmerlich oder gar nicht bzw. zeigen sich Blattverfärbungen oder Verbrennungen, ist der Kompost zu »scharf« und darf noch nicht ausgebracht werden.**

⁘ Für eine zügige Verrottung braucht der Komposthaufen auch Sauerstoff, Wärme und Feuchtigkeit. Um ein Austrocknen zu verhindern, aber auch um die Kompostmieten vor Auswaschung bei starken Regenfällen zu schützen, wird als Abdeckung der fertigen Mieten eine Schicht aus Rasenschnitt und Laub aufgebracht. Den gleichen Zweck erfüllen im Handel erhältliche Kompostvliese oder Schilfmatten.

⁘ Ist die Durchlüftung nicht gewährleistet, stellt sich Sauerstoffmangel ein, der am unangenehmen Geruch der Kompostmiete zu bemerken ist. Auch im zu trockenen Komposthaufen stockt die Verrottung. Einige Gießkannen Wasser regen sie wieder an.

⁘ Bis der halb verrottete Frischkompost entstanden ist, der wie Mulch als Bodenabdeckung aufgebracht wird und dort weiterreift, vergehen bei guter Kompostwirtschaft 3–6 Monate. Reifer, krümeliger Feinkompost entsteht je nach Ausgangsmaterial nach etwa einem Jahr.

⁘ Der Kompost ist dann ausgereift, wenn die einzelnen Strukturanteile zur Gänze verrottet und zu feinkrümeliger Erde umgearbeitet sind. In die Hand genommen rieselt er locker und leicht durch und riecht nicht unangenehm, sondern nach Walderde.

**RECHTE SEITE**
*Rosa mulliganii* **'Albertine' blüht üppig und trägt im Herbst herrliche Hagebutten.**

# Standort & Klima

Pflanzen können den ihnen einmal zugewiesenen Standort nicht mehr ändern – sie müssen mit den Boden-, Licht- und Klimaverhältnissen des Pflanzortes zurechtkommen.

**GROSSKLIMA** Die Gattung *Rosa* war in der Evolution äußerst erfolgreich. Ihr großer Verbreitungsraum beweist, dass sich Rosen mit vielen klimatischen Bedingungen zurechtfinden können. Rosenarten gibt es im Hochgebirge, in Polnähe und auch in sonnigen, heißen Gebieten. Großklimatische Faktoren wie Temperatur, Luftfeuchtigkeit, Tageslänge oder Niederschlag lassen sich von Menschenhand nicht beeinflussen. Das Gedeihen der Rosen wird dabei vorwiegend von der Niederschlagsmenge und der Frosthärte begrenzt, die wiederum sortenspezifisch ausgeprägt ist. Eine Auflistung von frostharten Rosen in der Tabelle auf Seite 72 und 73 gibt darüber Auskunft.

**KLEINKLIMATISCHE FAKTOREN** Die Auswirkungen des Kleinklimas, d.h. die Wachstumsbedingungen im unmittelbaren Umfeld der Pflanze, lassen sich durch die Standortwahl, aber auch durch geschickte Veränderung gewisser Grundbedingungen günstig beeinflussen. Damit werden wesentliche Voraussetzungen für das Gedeihen und auch die Vermeidung von Krankheiten geschaffen. Beim Lagern von Brot kann man es beobachten: Wird es in einem Plastiksack eingeschlossen aufbewahrt, hält sich die Luftfeuchtigkeit und in Verbindung mit Wärme setzt Schimmelbildung ein. Nichts anderes passiert bei Rosen, wenn sie an windstillen

Die Strauchrose 'Fontaine' im Spätherbst auf gutem Standort.

Dieselbe Sorte auf schlechtem Standort (Schatten, Wurzelkonkurrenz)

**STANDORT & KLIMA**

- Rosen brauchen sonnige Standorte mit guter Luftbewegung, damit nasse Blätter und Blüten rasch abtrocknen können.
- Zu wenig Luftbewegung fördert Pilzkrankheiten.
- Lufttrockenheit verbunden mit großer Hitze begünstigt Spinnmilben (»Rote Spinne«).
- Wurzelkonkurrenz durch nahe stehende Bäume oder große Sträucher vermeiden.

Gartenplätzen gesetzt werden. Standorte ohne Luftbewegung fördern die Ausbreitung von Pilzkrankheiten, während Lufttrockenheit und Hitze die Ausbreitung der Spinnmilbe (»Rote Spinne«) begünstigen.

Ähnliches passiert an heißen Südwänden. Kletterrosen und auch davor gepflanzte Strauch- und Beetrosen strafen mit Anfälligkeit und Kümmerwachstum, wenn es sich nicht um ausgesprochen hitzeunempfindliche Sorten handelt.

Auch unter der Kronentraufe von Bäumen bietet sich für Rosen kein ideales Kleinklima. Neben den ungünstigen Besonnungs- und Niederschlagsverhältnissen gesellt sich noch die Wurzelkonkurrenz der Bäume als Stressfaktor dazu.

Rosen sind Sonnenanbeter, sie brauchen direktes Sonnenlicht. Nur wenige Sorten vermögen auch im Halbschatten zu gedeihen.

**TIPP** **Kleinblättrige Rosen kommen leichter mit Hitze zurecht als großblättrige Sorten.**

# Sortenwahl – aus dem Vollen schöpfen

In Werbeprospekten fällt so manche Rose ihrer prächtigen Farbe und Form wegen auf. Dieser erste Eindruck sollte aber nicht das einzige Entscheidungskriterium dafür sein, welche Rose zu welchem Zweck an welchen Platz gesetzt wird. Bei der Fülle des Rosensortiments an Arten, Sorten und Wuchsformen bedarf es vor dem Kauf einiger Überlegungen, um die richtige Entscheidung zu treffen.

Das Schmökern in guten Rosenbüchern oder Baumschulkatalogen kann erste Hinweise und Hilfestellung geben. Abbildungen sind jedoch manchmal verführerisch, zeigen sie doch meist nur die Blüten des Rosenstrauches, ohne über dessen Gesamtform, Gesundheit oder Erscheinungsbild Auskunft zu geben. Auch ist die Farbwiedergabe mancher Rosenblüte in Prospekten weit von dem entfernt, was die Sorte zu »leisten« vermag. Besonders bei Rot-, Blau- und Violetttönen scheint mancherorts an Druckfarbe nicht gespart zu werden. Auch der Preis der Rose gibt nicht immer Auskunft über die Qualität. Bei neuen Rosen sind an die Züchter Lizenzgebühren zu entrichten, deshalb können ältere Rosensorten trotz guter Qualität deutlich billiger sein.

'Dornröschenschloß Sababurg'

**ÜBER DEN ZAUN GESCHAUT** Ist man sich über den Standort im Klaren, weiß man, wie viel Platz der Rose zur Verfügung steht und wie hoch sie werden darf, so ist das beste Auswahlverfahren, sich vor Ort eine Sorte auszusuchen oder zu prüfen, ob die im Katalog gewählte Sorte auch in natura den Vorstellungen entspricht. Dazu bieten sich wohl am besten Rosenschauanlagen an. In Österreich sind das zum Bespiel das österreichische Rosarium in Baden bei Wien, der Donaupark in Wien und die Schaugärten in Wien, Hirschstetten, in Deutschland das Europarosarium Sangerhausen und das Rosarium des Westfalenpark Dortmund. Auch einige österreichische und deutsche Baumschulen bieten die Möglichkeit, in ihren Musteranlagen verschiedene Rosensorten aus ihrem Sortiment zu prüfen. Die Rosen in diesen Anlagen stehen meist schon über viele Jahre an ihrem Standort und zeigen so Entwicklungszustand und vor allem Alterungsfähigkeit so an, wie sie in Prospekten nicht darstellbar ist.

**GEPRÜFTE ROSEN** Wertvolle Hinweise für die Qualität von Rosen bieten unabhängige Fachvereine oder Institutionen in Form von Rosenprüfungen an. Die österreichische Rosenprüfung wird im Prüfgarten des Badener Rosariums durchgeführt. Dort werden neu gezüchtete Rosen, wenn sie in einem dreijährigen Prüfzyklus für geeignet erachtet werden, mit dem Prädikat »ÖRP-Rose« (Österreichische Rosenprüfung) ausgezeichnet. Diese Rosen haben dann ihre Eignung für den entsprechenden Klimaraum sowie hervorragende Wuchseigenschaften und Widerstandsfähigkeit gegen Blattkrankheiten bewiesen. Auch in Deutschland werden unabhängige Rosenprüfungen nach diesen Richtlinien durchgeführt und das Prädikat »ADR-Rose« (Anerkannte Deutsche Rose) verliehen.

**KRITISCHE ROSENWAHL** Um sich einen Überblick zu schaffen und zu gustieren, ist der Rosenmonat Juni die ideale Zeit. Eine Vielzahl von Rosensorten und -arten präsentieren sich hier im schönsten Kleid und verführen zu spontanen Entscheidungen beim Kaufen. Natürlich muss bei einer so individuellen Entscheidung die Rose gefallen und soll sofort durch Farbe, Form, Duft und Erscheinungsbild ansprechen. Damit die Freude von Dauer ist, vermerken Sie Ihre Lieblingssorten auf einem Notizblock und sehen Sie sich die Sorten im selben Schaugarten im September nochmals mit kritischem Auge an. Die Überraschung wird manchmal groß sein: Rosen, die im Juni mit gesundem Laub und herrlichem Blütenflor punkteten, stehen im September, Oktober nur noch als kahle, jämmerliche Erscheinung da, wogegen sich die nebenstehende Sorte bei den gleichen Boden-, Licht- und Klimaverhältnisse noch mit reichem Blütenflor und gesundem Laub präsentiert.

## Einige empfehlenswerte ÖRP- und ADR-Rosen

| | | | |
|---|---|---|---|
| 'Austriana' ÖRP | Beetrose | Tantau 1996 | blutrote Blüten, sehr regenfest, breitbuschiger Wuchs, 60–70 cm hoch |
| 'Dornröschenschloß Sababurg' ÖRP | Strauchrose | Kordes 1993 | reinrosa Blüten, große Dolden, duftend, bis 120 cm hoch |
| 'Freisinger Morgenröte' ÖRP | Strauchrose | Kordes 1988 | orangefarben auf gelbem Grund, zu den Rändern in Rosarot übergehend, bis 150 cm hoch |
| 'Friesia' ADR, ÖRP | Beetrose | Kordes 1973 | leuchtend hellgoldgelb, aufrecht, breit verzweigt, 40–70cm |
| 'Immensee' ÖRP | Kletter- und Bodendeckerrose | Kordes 1982 | perlmuttrosa, klein, einfach, einmal blühend, intensiver Duft, bogige Triebe bis 2 m lang, 40 cm hoch |
| 'Prominent' ADR, ÖRP | Beetrose | Kordes 1971 | orange-rot auf gelbem Grund, edelrosenartig, leichter Duft, etwa 90 cm hoch |
| 'Pußta' ADR, ÖRP | Beetrose | Tantau 1972 | leuchtend dunkelrot, in großen Dolden, gut gefüllt, aufrechter Wuchs, gut verzweigt, bis 80 cm hoch |
| 'Romanze' ADR, ÖRP | Strauchrose | Tantau 1984 | leuchtend pinkfarben, duftend, sehr winterhart, 120 bis 150 cm hoch |
| 'Sommerabend' ÖRP | Bodendeckerrose | Kordes 1995 | leuchtend dunkelrot, klein, einfach, sehr buschig, bis 30 cm hoch |
| 'Westerland' ADR, ÖRP | Strauchrose | Kordes 1969 | leuchtend kupferorange, groß, gefüllt, intensiver Duft, 150 bis 200 cm hoch |
| 'Westfalenpark' ÖRP | Strauchrose | Kordes 1986 | bernsteinfarben, groß, gefüllt, leichter Duft, bis 150 cm hoch |

'Westerland'

## Worauf kommt es bei der Auswahl an?

**WUCHSFORM** Natürlich stehen bei der Auswahl Blütenfarbe, Blütenform und Duft im Vordergrund. Doch auch andere Wuchskriterien sollten Beachtung finden. Die Buschform prägt das Erscheinungsbild des Rosenstrauches in der blütenlosen Zeit. Je nach Anspruch sollte der Wuchs kompakt und geschlossen oder locker und überhängend sein.

**WÜCHSIGKEIT** Die Wüchsigkeit einer Rose lässt sich am besten an den Einjahrestrieben ermessen. Dort, wo anhand von Schnittstellen noch die Rückschnitte vom Vorjahr erkennbar sind, beginnt die Rose an der oberen Knospe durchzutreiben und den Jahrestrieb auszubilden. Die Gesamtwuchsleistung, insbesondere der Durchtrieb nach dem Frühjahrsschnitt, nach Entfernen der abgeblühten Blüten, ist maßgeblich für das Gesamterscheinungsbild eines Rosenstrauches.

**BELAUBUNG** Auch das Laub verdient nähere Betrachtung. Gesägte Blattränder, dunkle oder hellere Blattfarben und interessante Blattformen bieten eine große Vielfalt im Angebot. Nicht nur ästhetische Aspekte sind bei der Beurteilung zu beachten. Hier ist es vor allem die Widerstandsfähigkeit gegen Blattkrankheiten, die sich entwickeln muss. Im Sommer findet man an den Blättern manchmal Pilzbefall. Er beginnt im bodennahen Bereich, deshalb lohnt es sich, an die Strauchbasis oder ins Strauchinnere zu sehen, um einen Befall frühzeitig zu erkennen. Nicht nur die Schönheit des Laubes ist ein Bewertungskriterium, auch die Menge und vor allem die Haltbarkeit des Laubes vom Anfang bis zum Ende der Vegetationsperiode geben Aufschluss über die Gesundheit einer Rosensorte.

**BLÜHVERHALTEN** Natürlich wird auch die Frage, wie lange eine Rose im Jahreszyklus blüht, für die Kaufentscheidung wesentlich sein. Die Reichblütigkeit eines

Der rötliche Blattaustrieb der Sorte 'Dalli Dalli' bereichert den Zierwert.

Die englische Rose 'Winchester Cathedral' zeigt schön abgestimmte unterschiedliche Blütenfarben.

Rosenstrauches wird beim Besuch eines Rosengartens ja offensichtlich. Wesentlich für einen lang andauernden Blütenflor ist jedoch der Ansatz frischer Knospen und der Nachtrieb, der sich bei genauerem Hinsehen – wenn man auch die Zweige ein wenig zur Seite biegt – am besten beurteilen lässt. Oft ergeben sich interessante Aspekte wie ein Wandeln der Blütenfarbe – die Farbe beim Aufblühen unterscheidet sich von der bei Vollblüte und beim Verblühen.

Auch offene Blüten sollten reine Farben aufweisen und zum Knospenbild passen. Ein Verblauen, Verblassen oder Verwaschen bei Regen mindert den Zierwert. Die Harmonie oder der Kontrast zwischen Blütenfarbe und Laub kann den Effekt einer Rosenpflanze oft erheblich steigern. Bei manchen Rosensorten findet man an einem Strauch gleichzeitig reizvolle unterschiedliche Farbschattierungen in den verschiedenen Stadien der Blütenentwicklung.

'Schloß Glücksburg' ('English Garden')

**SELBSTREINIGUNGSVERMÖGEN UND REGENFESTIGKEIT** Ein wenig beachteter Aspekt ist die Selbstreinigungskraft der Blüte. Darunter versteht man die bei den verschiedenen Sorten sehr unterschiedlich ausgeprägte Fähigkeit, abgeblühte Blütenblätter abzuwerfen. Bleiben die Blätter hingegen an der Rose, beeinträchtigt ihr Vergilben das Erscheinungsbild. Sie lagern dann zusammen und vertrocknen zu unschönen braunen Bündeln am Blütenstiel.

Die Blütenblätter mancher Rosen verkleben nach dem Regen und die gesamte Blüte hängt unschön nach unten, ohne sich nach dem Abtrocknen wieder zu »erfangen«. Besonders bei großblütigen, gefüllten Sorten ist dieses Phänomen zu beobachten.

**DUFT** Nicht zuletzt kann auch der Duft einer Rose für den Kauf entscheidend sein. Zart duftende Rosensorten sollten speziell in der Nähe von Sitzplätzen und Terrassen Verwendung finden, intensiver duftende Rosen können auch weiter entfernt gepflanzt werden, um mit ihrem Duftreiz zu erfreuen. Mit nicht duftenden Rosen sollte man sich beim heutigen Stand der Züchtung nicht zufrieden geben.

'Gertrude Jekyll': die am intensivsten duftende englische Rose mit einmaliger Farbe und Blütenform.

# Rosenarten im Verkauf & Wuchsformen

'Sutters Gold'

**WURZELNACKTE ROSEN** Noch vor kurzem wurden Rosen vorwiegend als wurzelnackte Sträucher angeboten, die für den Verkauf in Erde eingeschlagen werden.

Beim Kauf dieser Pflanzen ist zu beachten, dass die Rosenstöcke nicht ausgetrocknet sind bzw. sich bereits Wassertriebe bilden. Dazu kommt es, wenn die Verkaufseinschläge nicht kühl genug gehalten sind oder die Rosen bereits zu lange so gelagert wurden.

Wurzelnackte Rosen werden zur Gänze am Feld gezogen. Dort werden sie im Sommer veredelt, im Herbst des Folgejahres herausgenommen und bis zum nächsten Frühjahr zum Verkauf angeboten. Im späten Frühjahr sollten wurzelnackte Rosen nicht mehr gepflanzt werden. Die bereits einsetzende Blatt- und Zweigbildung führt zu einem erhöhten Wasser- und Nährstoffbedarf, der wegen der noch nicht ausgebildeten Feinwurzeln nicht gedeckt werden kann.

In Supermärkten werden manchmal wurzelnackte Rosen angeboten, die in ein Feuchtigkeit speicherndes Medium wie Sägespäne eingewickelt und in Kunststoffsäcke verpackt sind. Die Triebe sind oft in Wachs getaucht, damit sie im Verkaufslokal nicht austrocknen. Hier ist es ratsam, dem Erscheinungsbild der Pflanzen besonderes Augenmerk zu schenken.

**CONTAINERROSEN** Um die Pflanzzeit der Rosen zu verlängern, wurden Containerrosen in den letzten Jahren stark forciert. Es sind dies in der Baumschule getopfte und herangezogene Rosenstöcke. Sie lassen sich durchgehend vom Frühjahr bis zum Spätherbst pflanzen. Die Gesundheit und Widerstandskraft der gekauften Ware erkennt man an kräftig austreibenden Zweigen.

## Wuchsformen

Mit der Beschreibung und Klassifizierung verschiedener Wuchsformen von Rosen verbinden sich auch direkte Hinweise auf deren Verwendbarkeit im Garten.

**WILDROSEN** Sie sind wuchsfreudige und robuste Sträucher mit einfachen Blüten und dekorativen Hagebutten. Als anspruchslose Gehölze für naturnahe Gärten sind sie die Stammeltern aller Gartenrosenformen.

**EDELROSEN** Zuchtziel der Edelrosen ist die einzelne, perfekt ausgebildete Knospe am Stiel. Jene Rosen also, die als Idealbild in Sträußen Verwendung finden. Die Einzelstöcke sind ca. 40–100 cm hoch und werden wegen ihrer geringen Bodenabdeckung, die Unkrautwuchs und offenen Boden mit sich bringt, vorzugsweise als Solitärrosen verwendet.

**BEETROSEN** Die auch unter dem Namen Polyantha- und Floribundarosen angebotenen, ca. 40–100 cm hohen, buschig wachsenden Rosenstöcke zeichnen sich durch reichhaltige Blüte am Einzelstamm aus. Nicht die einzelne Rosenknospe oder Blüte stellt das Züchtungsziel dar, sondern die flächige Farbwirkung aller Blüten. Die Bilder aus den 70er Jahren des vergangenen Jahrhunderts von Flächenauspflanzungen in öffentlichen und auch in privaten Gärten sind noch in Erinnerung. Diese als Monokulturen ausgepflanzten Rosenbeete boten ideale Ausbreitungsherde für Pilzkrankheiten und waren so mitverantwortlich für den schlechten Ruf der Rose im Privatgarten. Wegen des hohen Pflegeaufwandes und des intensiven Einsatzes von chemischen Pflanzenschutzmitteln verloren Rosen auch im öffentlichen Grün an Bedeutung.

**BODENDECKERROSEN** In letzter Zeit haben die Bodendeckerrosen Furore gemacht. Aufgrund ihrer Wuchskraft und Blühfreudigkeit eignen sie sich für lockere Flächenbepflanzungen in Verbindung mit Gehölzen und Stauden. Kriechend oder mit bogig überhängenden Zweigen decken sie sehr bald den Gartenboden ab. Dabei ist jedoch unbedingt zu beachten, dass nicht zu dicht gepflanzt wird. Meist genügen je nach Wuchskraft 2 bis 4 Rosenstöcke pro Quadratmeter. Sind es mehr, wird man der Rosen nicht mehr Herr. Sie bilden lange Triebe aus, die dann aus Platzmangel nicht mehr am Boden liegen bleiben, sondern sich aufbauen. Die vermeintlich niedrige Bodendeckerrose wird so zu einem stacheligen Turm, der unansehnlich und kaum noch zu pflegen ist.

**KLEINSTRAUCHROSEN** Aus dieser Rosengruppe sind in den letzten Jahren einige hervorragende Sorten hervorgegangen. Sie erreichen eine Höhe von ca. 1,5 m und eignen sich so auch für Kleingärten und als Begleitpflanzen in Gehölzrabatten. Besonderer Blütenreichtum und Blühfreudigkeit haben sie zu einer beliebten Rosenform für Hausgärten gemacht.

Rosenideal vergangener Zeiten: flächige »Rosenmonokultur« mit der Sorte 'IGA 83 München'

'White Spray' – eine üppig blühende Bodendeckerrose mit zartem Duft.

Kleinstrauchrosen sind in Wuchs und Höhe bestens für Hausgärten geeignet – wie z. B. die gesunde und reich blühende Sorte 'Rush' (Lens 1983).

**WURZELECHTE PFLANZEN BEVORZUGEN** Gerade bei den Bodendeckerrosen sollte die Anpflanzung von wurzelechten Pflanzen überlegt werden. Das sind Rosen, die durch Stecklinge vermehrt wurden. Damit ist die Pflanze »eine Einheit«, sowohl Wurzeln als auch oberirdische Teile kommen aus einem Stück. Im Gegensatz dazu werden bei der gängigen Vermehrung durch Äugeln zwei Individuen zu einer Pflanze vereinigt: der Wildrosen-Wurzelstock, auch als Unterlage bezeichnet, und die darauf gepfropfte Edelrose. Wird zu seicht gepflanzt oder treibt aus irgendwelchen anderen Gründen die Unterlage aus, wird dies beim Unterlassen der Wildtriebentfernung langfristig zum Absterben des oberirdischen, schwächerwüchsigen Edelanteils führen.
Das Entfernen der Wildtriebe ist aber bei Bodendeckerrosen besonders mühsam und schmerzhaft, muss man sich doch durch das stachelbewehrte Ästegewirr bis zum Wurzelstock durcharbeiten, um dort möglichst knapp an den Wurzeln den Wildtrieb zu entfernen. Dies passiert meist nicht, vielmehr wird nur der über die Bodendeckerrose wachsende Wildtrieb abgeschnitten und damit eigentlich zu noch stärkerem Wachstum angeregt.

Zu den Kleinstrauchrosen zählen auch viele der so genannten Englischen Rosen, Nostalgierosen oder Romantischen Rosen. Diese neuen Züchtungen verbinden den Charakter und Charme alter Rosen mit den Qualitäten der modernen. Sie bezaubern mit dicht gefüllten, duftenden, pastellfarbenen Rosettenblüten, der großen Blütenfülle und den ausgeprägten Blütenköpfen mit weit über 100 Blütenblättern.

Verglichen mit Historischen Rosen zeichnen sich viele neue Züchtungen durch ausgesprochene Gesundheit, mehrfaches Blühen und geringere Regenempfindlichkeit aus.

**STRAUCHROSEN** Dazu zählen jene Sorten, die durch ihre Wuchsstärke ausladend wachsen und eine Höhe von 150–300 cm erreichen. Zur Gruppe der einmal blühenden Strauchrosen zählen die Parkrosen sowie viele Historische Rosen mit oftmals sehr üppiger, einmaliger Blüte im Frühjahr oder Frühsommer, mit starkem Wachstum und Hagebuttenfrüchten, die häufig bis in den Winter hinein die Pflanzen schmücken. Ihre Wuchseigenschaften machen sie zu idealen Begleitern in gemischten Hecken, als Einzelsträucher im Gartenhintergrund oder als Unterpflanzung im Kronen-

Die Strauchrose *Rosa canina* 'Creme'

bereich unter Bäumen, wo sie durch ihre Wuchskraft mit der Nährstoff- und Wasserkonkurrenz der Baumwurzeln am besten zurecht kommen. Öfter blühende Strauchrosen, meist schwächerwüchsig als die einmal blühenden Wild- oder Parkrosen, eignen sich ideal als Solitärgehölze an Zäunen, in Blumenrabatten und an sonnigen Einzelstandorten. Aus dieser Gruppe gibt es etliche sehr robuste und gesunde Arten und Sorten, die dank ihrer reichen Blüte bis in den Herbst und ihrer überschaubaren Größe (max. 2 m Höhe) ideale Gestaltungselemente im Hausgarten sind.

**KLETTERROSEN** Das Klettern und Klimmen entspricht der ursprünglichen Wuchsform vieler Wildrosen. Daraus lässt sich auch die Bewehrung der Rosen mit Stacheln verstehen. Als Spreizklimmer sind sie mit ihren bewehrten Trieben auf der Suche nach Halt und können sich in Bäumen oder in Mauerritzen festhaken. Anders als z. B. Mauerkatze (*Parthenocissus tricuspidata* 'Veitchii') oder Efeu *(Hedera helix)* brauchen Kletterrosen eine Kletterhilfe in Form eines Rankgerüstes oder einer Pergola und müssen daran regelmäßig festgebunden werden. Sie sind nicht in der Lage, Haftwurzeln auszubilden und sich eigenständig festzukrallen.

Eine Sonderform der Kletterrosen bilden die Ramblerrosen. Sie wachsen mit ihren meterlangen Trieben bis in Baumspitzen hinauf oder machen aus dem Gartenhaus ein mit üppigem Rosenflor überdecktes Märchenschlösschen. Ihre Wuchskraft geht zu Lasten der Blühhäufigkeit, sie blühen einmal. Weniger stark wachsende Kletterrosen sind meist öfter blühende Sorten.

Diese auch als Climber bezeichneten Kletterrosen wachsen eher straff aufrecht mit stärkeren Trieben und schmücken sich mit größeren Blüten, als dies bei den Ramblerrosen der Fall ist.

**HOCHSTAMM- UND KASKADENROSEN** Diese Rosenarten hatten ihre Blütezeit im 18. und 19. Jahrhundert, als vornehme Damen ihre breiten Röcke durch die Rosenpflanzungen manövrieren mussten und so dennoch die duftenden Blumen ohne störende Äste genießen konnten. Sie bedürfen besonderer Aufmerksamkeit beim Winterschutz.

Rosen harmonieren wunderbar mit Clematis

Kletterrosen brauchen eine Kletterhilfe in Form eines Rankgerüstes und müssen daran regelmäßig festgebunden werden.

Ramblerrosen (im Bild: *Rosa banksiae)* eignen sich wunderbar für die Berankung von Pergolen.

# Rosenkauf & Qualität

## Beim Roseneinkauf beachten

Beim Rosenkauf ist ein kritisches Auge gefragt. Die Rose sollte mit einem Etikett, auf dem Name und Züchter vermerkt sind, versehen sein. Nur dann lässt sich aus bereits gewonnenen Erfahrungen über diese Sorte auf deren Eignung schließen. Vorteilhaft ist es auch, wenn die Rose in der Region gezogen wurde, in der sie gepflanzt wird. Damit ist sie an die Klima- und Bodenverhältnisse angepasst.

**ROSENUNTERLAGEN** Veredelte Rosen bestehen aus zwei Organismen: der wilden Unterlage und der darauf gepfropften Edelsorte. Die Unterlage bestimmt aufgrund ihrer erblichen Information nicht nur das Wachstumsverhalten der Pflanze, sondern auch die Bodenverträglichkeit.

Rosenunterlagen, die für Kalkböden ungeeignet sind, wie z. B. *Rosa multiflora,* würden auch bei noch so guten Eigenschaften der Edelsorte auf Kalkstandorten versagen. Kümmerwuchs, Blattchlorosen oder Krankheitsanfälligkeit wären die Folge.

Genaue Auskünfte über die Eignung der Unterlage für bestimmte Regionen bekommt man am ehesten in Verkaufsbetrieben, in denen

**TIPP**

- **Es passiert manchmal, dass im Frühjahr übrig gebliebene wurzelnackte Ware noch eingetopft wird und nicht mehr die nötige Zeit zum Durchwurzeln des Topfballens hat. Dies lässt sich prüfen, indem man die Pflanze auf den Kopf stellt und vorsichtig den Topf abzieht. Zerfällt dabei der Wurzelballen, so weist die Containerrose nicht die notwendige Feindurchwurzelung auf. Wird dies nicht reklamiert, muss beim Einpflanzen wie bei wurzelnackter Ware vorgegangen werden – inklusive Rückschnitt.**
- **Bei starker Bewurzelung am Topfrand sollte der Wurzelballen etwa 1 cm tief an einigen Stellen eingeschnitten werden, damit die Wurzeln nach außen wachsen.**

**TIPP** Ob sowohl Wurzeln als auch Triebe noch »im Saft sind«, wie die Gärtner sagen, also noch keine beginnende Austrocknung zu befürchten ist, prüft man mit der Nagelprobe. Dabei versucht man, ein kleines Stück Rinde mit dem Fingernagel vom Holz zu lösen. Gelingt dies ohne Probleme und ist die abgelöste Rinde nicht angetrocknet, ist die Pflanze in Ordnung.

Veredlungsunterlage und schöne Wildrose: *Rosa multiflora*

die Rosen noch selbst veredelt werden. Für schwachwüchsige Sorten und Beetrosen werden meist *Rosa laxa*, für Strauch- und Edelrosen vorwiegend *Rosa polmeriana* verwendet.

Bei Containerrosen, das sind in Pflanzbehältern angebotene fertige Rosenpflanzen, muss kein Rückschnitt erfolgen und sie können vom Frühjahr bis Herbst bereits belaubt oder in Blüte gepflanzt werden.

**TRANSPORT** Vorsicht ist auch beim Transport geboten. Gelegentlich werden wurzelnackte Gehölze, besonders Rosen, ohne Schutz auf dem Gepäckträger transportiert, um das Wageninnere nicht zu verschmutzen. Das Austrocknen der Wurzeln durch den Fahrtwind kann zu einer dauerhaften Schädigung der Pflanze bis zum Absterben führen. Auch durch Liegenlassen im aufgeheizten Wageninneren ohne Schutz ist schon so manche Rose vertrocknet, ehe sie den Garten gesehen hat.

## Die Pflanzenqualität

Die Rosensorte sollte mindestens drei kräftige Triebe, keine Trockenstellen an den Zweigen oder sichtbare Krankheiten aufweisen. Gut entwickelte Wurzeln sind Voraussetzung für das gedeihliche Fortkommen, daher sollten sie zahlreich und auch als Feinwurzeln vorhanden sein.

Beim Kauf von Rosen in Folienbeuteln ist besondere Achtsamkeit geboten. Manchmal lagern sie schon länger in warmen Verkaufslokalen und zeigen dann Wassertriebe oder sind bereits teilweise oder ganz vertrocknet. Der Folienbeutel ist natürlich auch ein idealer Brutherd für Mehltau an den Rosenzweigen. Grüne Rinde, glatte Triebe und ausgereiftes Holz, das sich nicht mit zwei Fingern leicht umbiegen lässt, sprechen für Qualität.

# Pflanzzeit & Pflanzung

'Heritage'

## Die richtige Zeit zur Rosenpflanzung

In warmen Lagen ist der Herbst, von Mitte Oktober bis Mitte November, die beste Pflanzzeit für Rosen, da die Pflanzen dann auch die Winterfeuchtigkeit nutzen können. Noch bei einer Bodentemperatur von 5 bis 8 °C bilden die Pflanzen neue Wurzeln und können damit bereits im Lauf des Winters anwachsen, was ihnen für das Frühjahr einen kleinen Vorsprung bringt. Pflanzt man im Frühjahr, insbesondere im späten Frühjahr, führt dies zum sofortigen Austreiben der Knospen, während die für Wasser- und Nährstoffnachlieferung wesentlichen Feinwurzeln im Boden noch nicht ausgebildet sind. Auch bei Neupflanzungen darf der entsprechende Winterschutz durch Anhäufeln keinesfalls vergessen werden, da sonst sowohl die Gefahr des Ausfrierens als auch des Vertrocknens gegeben ist. Auf dieses Thema wird im Kapitel Pflanzung genau eingegangen.

In rauen Lagen und auf schweren Böden empfiehlt sich eine Pflanzzeit im Frühjahr zwischen Mitte März und Ende April.

Die Wurzeln werden in einem Kübel mit Wasser und lehmiger Erde eingeschlämmt. So finden die Feinwurzeln nach der Pflanzung rasch Anschluss an das umgebende Erdreich.

## Der Pflanzvorgang

**PFLANZUNG WURZELNACKTER ROSEN** Wurzelnackte Rosen sollten vor der Pflanzung für einige Stunden, am besten über Nacht, in einen Kübel mit Wasser gestellt werden. Die Pflanzen sollen zur Gänze mit Wasser bedeckt sein, beim Transport angetrocknete Wurzeln können sich so wieder mit Wasser voll saugen.

Wird die Rose nicht sofort gepflanzt, wird sie trotzdem gewässert und im feuchten Erdreich vollkommen zugedeckt eingeschlagen.

Unmittelbar vor der Pflanzung werden die Wurzeln in einen Kübel mit Wasser und lehmiger Erde eingeschlämmt, damit die Feinwurzeln nach der Pflanzung gleich den Anschluss ans umgebende Erdreich finden.

Bei guten Bodenverhältnissen sollte man das Pflanzloch so groß ausheben, dass die Wurzeln ohne Abknicken oder Anstoßen Platz finden und die Veredlungsstelle 5 cm unter dem Bodenniveau liegt. Zu seicht gesetzt

neigen die Rosen zur Bildung von Wildtrieben. Alle Wurzeln werden um ein Drittel, oberirdische Teile – auf etwa 20 cm auf Außenaugen geschnitten – eingekürzt. Nun wird das Pflanzloch mit lockerer Erde bis zum Bodenniveau befüllt und dabei die Rose immer wieder leicht angehoben und abgesenkt, damit sich die Wurzeln gut ins Erdreich fügen. Ein Bewässerungswall hält das Wasser – mindestens 20 Liter pro Pflanze – im Wurzelbereich. Abschließend wird mit Feinerde angehäufelt. Damit wird ein Vertrocknen verhindert und der Austrieb geschützt.

### PFLANZUNG VON CONTAINERROSEN

Containerrosen werden vor der Pflanzung in einen Kübel mit Wasser gestellt, bis keine Luftbläschen mehr aufsteigen – das meist torfreiche Substrat nimmt bei Austrocknung nur langsam Wasser auf! Der Pflanzvorgang erfolgt wie bei wurzelnackter Ware, ein Anhäufeln ist jedoch nicht erforderlich.

**TIPP**

- **Einen Stab mit Sortenbeschreibung zum Wiederauffinden der eingeschlagenen Rose in den Erdhügel stecken.**
- **An einem schattigen Platz einschlagen, da so ein eventuelles unerwünschtes Austreiben unterbunden und das Austrocknen der schützenden Erdschicht verlangsamt wird.**

# Rosen kombinieren

Der naturnahe Garten lässt Spielräume für die Kombination von Rosen mit anderen Gehölzen und Stauden offen. Dabei bleibt die Auswahl nicht ausschließlich auf heimische Arten beschränkt. Eine große Palette an Gartenpflanzen steht zur Verfügung, solange sie standortgerecht sind und zur ökologischen Vielfalt beitragen. Pflanzen, die ihren Standortansprüchen entsprechend gesetzt wurden, fühlen sich dort wohl, entwickeln sich gut und benötigen daher weniger Pflegeaufwand.

# Entscheidungshilfe für die Auswahl

*Rosa rugosa*

Rosen haben ganz unterschiedliche Nährstoffansprüche. Als Faustregel gilt, dass mit steigender Blühfreudigkeit und -häufigkeit der Anspruch an Bodenqualität und Nährstoffe wächst. Wertvolle Hinweise für die Gestaltung mit Rosen geben die Wuchsformen.

Bei der Gruppierung der Rosen darf nicht vergessen werden, dass der Zugang für den Rückschnitt und das vorwinterliche Anhäufeln möglich sein muss.

**BEGLEITPFLANZEN GUT ÜBERLEGT AUSWÄHLEN** Als passende Begleitpflanzen für Rosen im Garten bewähren sich Pflanzen, die sich der Wuchskraft und Wuchsform der Rose unterordnen und vor allem mit ihren Boden- und Klimaansprüchen harmonieren.

**ROSEN & LAVENDEL?** Das ist etwa bei der oft gehörten Empfehlung, Rosen und Lavendel *(Lavandula angustifolia)* unmittelbar zu kombinieren, nicht der Fall. Lavendel wächst an seinem natürlichen Standort auf trockenen, kargen und durchlässigen Böden, wie auf den üppigen Lavendelfeldern der Provence. Die hohen Nährstoff- und Wasseransprüche der Gartenrosen haben deshalb schon so manchem Lavendelbuschen den Garaus gemacht.

Bei üppiger Ernährung und lehmigen, feuchten Böden neigen Pflanzen von Magerstandorten zu starkem Wachstum, reifen im Herbst nicht aus, erleiden Winterschäden und vergreisen früher.

Die kleinklimatische Differenzierung, kleinräumige Unterschiede im Boden und das Standortangebot unserer Gärten sind wichtige Kriterien. Lavendel eignet sich also nur in speziellen Fällen als Begleitpflanze von Rosen, beispielsweise entlang von Wärme spendenden sonnigen Hausmauern – dort kommt wenig Regen hin und Pflanzenbewässerung würde nur die Fassade durchfeuchten. Oder einen Kiesweg begleitend, wo der Wegunterbau den Ansprüchen des Lavendels gerecht wird.

Pflanzengerechte Lösung: Lavendel am Wegrand mit warmem und trockenem Fuß, die Rose vermag im Beet aus dem Vollen zu schöpfen.

**TIPP**

- Wildrosen fühlen sich auf kargen Standorten wohl. Deshalb sollten sie mit Stauden mit Wildcharakter und entsprechend geringen Standortansprüchen kombiniert werden.
- Edelrosen haben durch ihren meist aufrechten, strengen Wuchs und die großen Blüten wenig Ausstrahlung in kombinierten Bepflanzungen.
- Beetrosen eignen sich schon aufgrund ihrer reichen Blüte und Höhe zum Kombinieren mit Stauden.
- Bodendeckerrosen sind als Vorpflanzung gute Begleiter, in Pflanzgruppen ranken ihre bogigen Triebe aber oft weit in andere Pflanzen hinein und ziehen diese herab.
- Kleinstrauchrosen eignen sich ideal für Kombinationsbepflanzungen. Wuchskräftig und groß genug um den Blickpunkt zu bilden, fügen sie sich harmonisch in ein Gartenbild ein, ohne es absolut zu beherrschen.
- Strauchrosen und viele Historische Rosen zeigen mit ihrem starken Wuchs vor allem Dominanz und stechen aus Gruppenpflanzungen hervor, was in Einzelbildern durchaus attraktiv sein kann, bei zu häufiger Verwendung jedoch Unruhe und Disharmonie schafft.

# Begleitpflanzen für Wildrosen

'Kiftsgate'

## Kletterrosen in Bäumen

Kletterrosen verbinden und umgarnen Gartenräume mit ihren langen Trieben, lassen sich aber wegen ihrer starken Wuchskraft oft nur schwierig eindämmen. Daher sind sie speziell für den Bewuchs von Zäunen, Gartenlauben oder Rankhilfen geeignet.

**WILDROSENCHARME IN NATURNAHEN GÄRTEN** Hier kann der Charakter mancher Wildrosen am besten in Erscheinung treten, wenn sie sich an Obstbäumen oder abgestorbenen Baumstrünken emporranken. Dabei finden sie ähnliche Bedingungen vor wie an ihrem natürlichen Standort, dem Waldrand, in feuchten und humusartigen Böden, die ihnen ihr Größenwachstum ermöglichen.

*Rosa arvensis* strahlt als heimische, *Rosa multiflora* als chinesische wilde Urform der Kletterrosen Charme im naturnahen Garten aus. Rosen als Baumkletterer waren schon an der Wende vom 18. zum 19. Jahrhundert beliebte Motive in englischen Landschaftsgärten. Im mittelenglischen Garten Kiftsgate wächst heute noch *Rosa filipes* 'Kiftsgate' 30 m hoch in eine Blutbuche hinauf.

Die geeignetste Wildrosenart für das Klettern in Bäume ist *Rosa canina* – vorzügliche Wuchspartner für sie sind Eiben und Wildobstbäume.

Weitere Sorten, die überreich blühen und als Zugabe im Herbst herrlichen Hagebuttenschmuck zeigen:

- *Rosa multiflora* 'Carnea', 'Paul's Himalayan Musk', 'Bobbie James'
- *Rosa helenae*
- *Rosa fillipes* 'Kiftsgate'
- *Rosa mulliganii*, 'Wedding Day', 'Purezza', 'Albertine', 'American Pillar'

**SO KLETTERT DIE ROSE IN DEN BAUM**

- Das Pflanzloch muss in entsprechend großem Abstand vom Baumstamm (mindestens 60 cm) ausgehoben werden, um nicht der Wurzelkonkurrenz und der Trockenheit in Stammnähe zum Opfer zu fallen.
- Flachwurzler wie Ahorn, Hainbuche, Birke, Pappel oder Esche sind daher als Partner wenig geeignet. Notfalls schützt man die Rosenwurzel gegen die Baumkonkurrenz durch eine eingelegte Folie oder einen Kübel ohne Boden.
- Hilfreich ist auch ein Bewässerungsrohr, das bis in etwa 50 cm Tiefe eingegraben wird, über das Wasser und Nährstoffe direkt zu den Rosenwurzeln geführt werden können.
- Mit einem Stock wird die Rose zum Stamm geführt. Entlang dieses Stammes zieht man mehrere Leittriebe in die Krone hinauf. Dort hat sie dann freien Lauf und wächst ihrem Naturell entsprechend durch die Baumkrone dem Licht zu.

## Begleiter für einmal blühende Rosen

Rosen, die ihre Blütenpracht nur einmal im Jahr zeigen, sollten natürlich zu diesem Zeitpunkt ohne Blütenkonkurrenz in unmittelbarer Nähe blühen dürfen.

Konkurrierende bzw. dominierende gleichzeitig blühende Gehölze würden die Rosenblüte »verwischen«.

Auch die Harmonie der Farben muss dabei bedacht werden. Leuchtend orangerote Blüten wirken zu dominant neben alten Rosen und Wildrosen. Harmonischer sind Pflanzen mit dezenten Hintergrundfarben und grauem oder silbrigem Laub.

Rosenbogen: 'Albertine' (oben) 'Purezza' (unten)

## Rosen stärkende Begleitpflanzen für Wild- und Gartenrosen

Es gibt Begleitpflanzen für Rosen, die ästhetische Wirkung und Nutzen verbinden:

- Zwiebel und Schnittlauch verstärken den Rosenduft.
- Knoblauchpflanzen helfen gegen Pilzbefall.
- Einjährige Kapuzinerkresse entlang des Beetrandes oder auf offenen Boden ausgesät hilft gegen Läuse, Pilze und Wühlmäuse und schützt den offenen Boden.
- Als hervorragende Partner haben sich Rosmarin und Katzenminze bewährt.
- Thymian wirkt zudem gesundheitsfördernd.
- Ringelblumen unterstützen das Wachstum, hemmen Nematoden und erhöhen die Widerstandskraft.
- Pfefferminze und Thymian sind schöne Rosenbegleiter und lassen sich, ebenso wie Ringelblumen, zusätzlich zu Tees und Salben verwerten.
- Rosmarin und Thymian sind wunderbare Gewürze in der Küche.

# Begleitpflanzen für Gartenrosen

Rittersporn *(Delphinum)* und Rosen haben ähnliche Standortansprüche und sind eine ideale Kombination.

## Gleiche Standortansprüche – weniger Pflegeaufwand

Nicht nur Ästhetik, Textur, Form und Farbwirkung stehen bei Begleitpflanzen im Vordergrund, auch die Standortansprüche sind wesentlich. Werden Pflanzen mit sehr unterschiedlichen Standortansprüchen nebeneinander gepflanzt, so ist eine flächige Bearbeitung nicht möglich und die Pflegearbeit muss kleinräumig differenziert angelegt werden.

Sinnvoller ist es, die Standortansprüche von Rosen und Begleitpflanzen aufeinander abzustimmen. Geeignet sind also sonnenliebende Pflanzen, die nahrhaften Boden bevorzugen. Werden Trockenheit liebende Pflanzen im unmittelbaren Umfeld von Rosen gepflanzt und entsprechend gepflegt, so leiden die Rosen unter Wassermangel. Werden wiederum die höheren Ansprüche der Rosen erfüllt, faulen die Begleitpflanzen ab oder verkümmern wegen Überfeuchtung. Begleitpflanzen, die mit weniger Nährstoffen auskommen, werden bei Überdüngung mastig und krankheitsanfällig oder beginnen so sehr zu wuchern, dass kein harmonisches Gesamtbild erzielt werden kann.

## Ideale Rosenpartner

**RITTERSPORN** Der in den eurasischen Gebirgen vorkommende Rittersporn *(Delphinum elatum)* ist die Ausgangsform für hohe Gartenrittersporne. Seine Standortansprüche – feuchte, feine und nährstoffreiche, kalkhältige Böden entsprechen weitgehend denen der Rosen.

Er bietet sich sowohl aus der Sicht des Standortes als auch des Erscheinungsbildes als idealer Rosenbegleiter an, wobei sich *Elatum*- und *Belladonna*-Hybriden besonders eignen.

**TAGLILIEN** Ideale Rosenpartner sind die Taglilien *(Hemerocallis)*. Durch geschickte Sortenwahl kann der Blühzeitraum von Mai bis in den Oktober hinein erweitert werden. Eine der besten Sorten ist 'Stella d'Oro', die bis zu 40 cm hoch wird, einen guten Bodenschluss herstellt und mit ihren orangegelben Blüten den Rosenflor lang und reichblütig begleitet.

Taglilien eignen sich nicht nur als Unterpflanzung, sondern auch als Begleiter in Rosenstaudenfluren, beispielsweise die Sorte 'Frans Hals' mit etwa 1 m Höhe.

Taglilien *(Hemerocallis)* eignen sich nicht nur als Unterpflanzung, sondern auch als Begleiter in Rosenpflanzungen.

**ALPENEDELDISTEL** Ein wunderbar zartes Blau bringt die Alpenedeldistel *(Eryngium alpinum)* ein, von der es auch zahlreiche mit Rosen gut kombinierbare Spielarten gibt. Der stahlblaue Blütenstand zeigt sich in etwa zur gleichen Zeit wie die Rosen und gibt einen schönen Kontrast.

**STERNDOLDE** Vielfältig ist das Angebot an Auslesen der Großen Sterndolde *(Astrantia major)*. Ihre Blütenköpfchen am Ende des langen Stiels lockern dichte Bepflanzung auf. Die rot blühende Sorte *Astrantia major* 'Ruby Wedding' ist besonders empfehlenswert.

**FRAUENMANTEL** ist eine klassische Rosenbegleitpflanze mit attraktiver Blüte. Zauberhaft wirkt sie, wenn sich Regentropfen an den feinen Blatthaaren sammeln und dann im Sonnenlicht spiegeln. Da Frauenmantel auf nährstoffreicheren Böden zu üppigem Wachsen neigt, sollte er als Begleitung von stärker wüchsigen Rosen und Kletterrosen eingesetzt werden – so manche niedrig wachsende Rose ist schon unter einem Frauenmantelteppich erstickt. Nicht nur der bekannte flaumhaarige Frauenmantel *(Alchemilla mollis)*, der sich stark ausbreitet und aussät, auch die zahmere und kleinere, allerdings schwer erhältliche Art *(Alchemilla epipsila)* sollte in Erwägung gezogen werden. Ihre Blüten im Juni passen gut zu vielen Storchschnabelarten *(Geranium)*.

**INDIANERNESSELN** Wunderbare Rosenbegleiter sind die Indianernesseln *(Monarda)* – aromatisch duftende, lang blühende Präriestauden für sonnige Standorte. Da sie fast durchwegs überaus wuchskräftig sind und über 1 m Höhe erreichen, sind sie vor allem Partner für Strauch- und Kletterrosen.

**SONNENBLUMEN** Für den Schnitt geeignet sind Sonnenblumen *(Helianthus)*. Die nicht wuchernden Arten können gemeinsam mit Indianernesseln zu schönen Rosenbildern geformt werden.

**MÄDCHENAUGE** Ein dankbarer Sommerblüher ist das Mädchenauge *(Coreopsis)*. Eine der wertvollsten niedrigen Sorten, *Coreopsis verticillata* 'Zagreb', blüht in kräftigem Gelb.

**STORCHSCHNÄBEL** Sehr gute Bodendecker sind die Storchschnäbel *(Geranium)*. Der wunderbare blauviolette, reiche Blütenteppich von *Geranium* x *magnificum* ist dem heimischen Storchschnabel *Geranium pratense* vorzuziehen, weil letzterer durch große Wuchshöhe und starke Ausläuferbildung im Garten zu viel Platz beansprucht. Bei *Geranium* sollte beachtet werden, dass nicht alle Sorten ihrer Herkunft nach zu Rosen passen.

**RIESENSTEINBRECH** Eine genügsame Schattenpflanze mit langer Frühjahrsblüte ist der Riesensteinbrech *(Bergenia)*. Er bildet mit den großen Blättern einen hübschen Kontrast zu den feingliedrigen Rosenblättern. Gute Sorten haben auch im Frühjahr noch attraktives Laub und frieren nicht aus.

Rose 'Maria Lisa', Glockenblume und Steppenkerze

Farbharmonie und Eleganz: Kleinstrauchrose 'Ferdy' und die noch geschlossene Lilienblüte

**MEERKOHL, GLOCKENBLUMEN, FINGERHUT** ❧ Mit über 1 m Höhe ist der Meerkohl *(Crambe maritima)* eine wertvolle Solitärstaude, ebenso wie die große Palette der nicht wuchernden Glockenblumen *(Campanula lactiflora* und *C. persicifolia)* und der Fingerhut *(Digitalis)*.

**PFINGSTROSEN** ❧ Sowohl in ihren Standortansprüchen als auch im Erscheinungsbild passen Pfingstrosen *(Paeonia)* wunderbar mit Strauchrosen und Historischen Rosen in Gruppenverpflanzungen zusammen. Beetrosen sind hingegen gegenüber Pfingstrosen zu schwachwüchsig.

**LILIEN** ❧ Niedrig wachsende Rosen bilden mit Lilienhybriden *(Lilium)* ein stimmiges Ensemble. Gemeinsam mit diesen gepflanzt bringen sie neue Farbaspekte. Rosen sind den schlanken Lilienstielen eine gute Stütze.

**GRÄSER** ❧ Das Pfeifengras *(Molinia)* als Feuchtigkeitsliebhaber harmoniert gut mit Rosenbepflanzungen und wartet zudem mit einer schönen Herbstfärbung auf. Die Waldschmiele *(Deschampsia)* dominiert stark mit ihren kräftigen Horsten, wächst aber in jedem Boden.

**HERBSTSTAUDEN** ❧ Im Herbst, wenn die Blüte der einmal blühenden Rosen vorüber ist, bilden Herbststauden eine späte Bereicherung der Pflanzflächen. Die Sonnenbraut *(Helenium)* bringt Goldgelb in die Pflanzung ein und begleitet damit den Hagebuttenschmuck der Wildrosen und einmal blühenden Rosen.

Den Spätherbst bereichern die Herbstastern. Hier bietet sich eine breite Palette von Rosa-, Weiß- und besonders Blautönen an, von denen jedoch nur die gesund wachsenden Sorten auswählt werden sollen.

**KLETTERGEHÖLZE** ❧ Vor allem Clematis, z. B. *Clematis viticella,* harmonieren wunderbar mit Rosen. Das kräftige Blau mancher Sorten von *Clematis alpina* und *Clematis macropetala* lässt sich mit den später blühenden blauen Hybriden, von denen manche bis zum Frost blühen, großartig ergänzen. Bei aller Blütenformen und -farbenvielfalt der Clematis darf auf ihr unbedingtes Bedürfnis eines schattigen Fußes nicht vergessen werden.

Pfingstrosen *(Paeonia)* passen in ihrem Aussehen und ihren Standortansprüchen wunderbar zu Strauchrosen und Historischen Rosen.

## Magersüchtige Rosennachbarn brauchen Abgrenzung

Zahlreiche wertvolle Gehölze, die Rosenpflanzungen farblich ergänzen, begnügen sich im Gegensatz zu Rosen mit mageren Standorten. Dazu ist eine kleinräumige Abmagerung des Standortes durch Beimengung von Sand oder wasserdurchlässigen, steinigen Bodenanteilen nötig.

**STAUDEN, EIN- UND ZWEIJÄHRIGE PFLANZEN** Auf diese Weise können auch silberlaubige Stauden wie der Großblättrige Ziest *(Stachys byzantina)* als Bodendeckerstaude, Lavendel (*Lavandula angustifolia* 'Hidcote Blue') sowie verschiedene *Sedum*-Arten und Gräser gruppenartig auf ihren Bodenverhältnissen abgegrenzt werden und in vielfältigen Kombinationen aus Rosen, Stauden und Kleingehölzen Verwendung finden. Die Katzenminze *(Nepeta faassenii)* bringt als Vorpflanzung von höheren Pflanzen blaue oder weiße bis zu 50 cm hohe Blütenteppiche ein und ist eine hervorragende Bienenweide.

Als Vorpflanzung für Rosenbeete in sonniger Lage eignet sich der Salbei *(Salvia)*. Zahlreiche niedrige Sorten bieten sich an. Von den höheren ist der Muskatellersalbei *(Salvia sclarea)* mit seinen rosarot-lilafarbenen Blüten hervorzuheben, der sich als zweijährige Pflanze bei Selbstaussaat weiter vermehrt.

Ein- und zweijährige Pflanzen wie die locker wüchsige Jungfer im Grünen *(Nigella damascena)* oder das Schmuckkörbchen *(Cosmos bipinnatus)* harmonieren durch ihre Schleierwirkung mit Rosen, ohne mit ihnen zu konkurrieren.

**GRÄSER & ROSEN** Gräser sind größtenteils Steppenpflanzen und damit für trockenere Standorte geeignet. Etwa das Lampenputzergras *(Pennisetum)*, das dichte Blatthorste und attraktive Blütenrispen bildet, oder das Federgras *(Stipa)*, dessen Wedel sich zart im Wind bewegen. Sie brauchen trockene Plätze, vertragen wenig Konkurrenz und harmonieren als Randbepflanzung vorwiegend mit Beetrosen. Bei Gräsern sollten keinesfalls Ausläufer treibende Sorten gewählt werden. Oft als Rosenbegleiter genannte Gräser wie Blaustrahlhafer *(Helictotrichon)* oder Blauschwingel *(Festuca cinerea)* sind als Trockenheit liebende Gräser nur auf Magerstandorten geeignet.

# Die Schönheit der Wildrosen entdecken

Heimische Wildrosen eignen sich, je nach Form und Größe, hervorragend als natürliche Sichtschutzpflanzung in Verbindung mit anderen Gehölzen oder bilden nahezu undurchdringliche Rosenhecken. Rosenwildsorten bieten in einer zunehmend »ausgeräumten«, bereinigten Landschaft Rückzugsmöglichkeiten für zahlreiche Tierarten. Der Hagebutten-Fruchtschmuck von Wildrosen im Winter entschädigt Menschen und Tiere für den kürzeren Blühzeitraum gegenüber den mehrfach blühenden Strauchrosen.

Rotblättrige Rose *(Rosa glauca)*

# Wildrosen im Garten

Wildrosen bieten bis lang in den Winter hinein Futter für viele Vogelarten.

Wildrosen sind für Vögel jagende Tiere ihrer Stachelbewehrung und dichten Verzweigung wegen schwer zu erreichen und bieten sichere Brutmöglichkeit für viele zum Teil schon seltene Vogelarten. Die Blüten bieten Futter für über 100 Insektenarten, darunter allein über 30 Kleinschmetterlinge, und die Früchte bis lang in den Winter hinein für Säugetier- und Vogelarten wie Marder, Gimpel, Buntspecht, Singdrossel und Grünfink.

An den pollenreichen Blüten der einfach blühenden Sorten finden zahlreiche Wildbienenarten, Schwebfliegen, Hummeln und Käferarten Nahrung.

Wildrosen blühen einmal im Frühsommer, etliche Sorten begeistern mit einer Blütenfülle und Blütenkraft, die eben nur bei einmaliger Blüte möglich scheint.

### ROSEN ALS HECKEN

- Dort, wo Ausblicke in die freie Landschaft unsere begrenzten Gärten erweitern, sind mittelhohe Rosen ideale Hecken. Kombiniert mit Sträuchern wie Berberitze, Schneeball oder Hartriegel bilden sie Sichtschutz vor ungewollten Einblicken, ohne den Gartenraum einzuengen.
- Wo es zu verdecken und zu verbergen gilt, steht die ganze Vielfalt an hohen Sträuchern und stark wachsenden Wildrosen zur Verfügung. Diese bilden dann auch den Rahmen und den ruhigen Hintergrund für eine blütenreiche Gestaltung des unmittelbaren Gartenumfeldes.
- Die sehr großwüchsigen Wildrosen brauchen entsprechend Platz, um ihre volle Wirkung zu entfalten. Im kleinen Garten muss man auf sie verzichten, ihr starker Wuchs und die Stacheln würden den häufigen Formschnitt zu mühevoll machen.

Die Pimpinellifolien-Hybride 'Frühlingsgold' eignet sich mit ihren bogigen Trieben ideal für hohe Rosenhecken. Im Herbst schmückt sie sich mit den typischen schwarzen Pimpinellifolienhagebutten.

*Rosa arvensis*

## Regionale Gehölzvermehrung

Ein alter Gärtnergrundsatz lautet: Pflanzen wachsen und entwickeln sich gut, wenn sich bereits ihre Vorfahren an die Wachstumsbedingungen anpassen konnten. Ihre Überlebenschancen sind dann besser. Diesen Grundsatz macht sich die regionale oder autochthone Gehölzvermehrung in Niederösterreich zu Nutze. Saatgut von Wildgehölzen wird von einem Team aus Landwirten und Ökologen in verschiedenen Landschaftsräumen geerntet und in Baumschulen vermehrt. Auch in Deutschland wenden sich einige Forschungseinrichtungen der regionalen Gehölzvermehrung als wesentlichem Beitrag zum Naturschutz zu.

**LOKALE STÄRKE STATT GLOBALER UNIFORMITÄT** Eine Schlüsselstelle ist dabei die Auswahl der Erntestandorte, also der Mutterbestände. Die ausgewählten Gehölze sind an Standort und Umweltsituation angepasst. Eine Wildrose, die z.B. in einem südländischen Großproduktionsbetrieb gezogen wurde, wird nie die Frosthärte und Widerstandsfähigkeit gegen Trockenheit aufweisen, die eine Rose aus Saatgut der Region bereits aufgrund ihrer genetischen Ausstattung mit sich bringt.

**GENETISCHE VIELFALT ERHALTEN**
Neben dem Vorteil der Gesundheit und Wuchskräftigkeit der Gehölze fördert diese Initiative auch den Erhalt der genetischen Vielfalt und wirkt damit der Florenverfälschung entgegen. Wenn Arten einmal verschwunden sind, kann sie niemand mehr neu schaffen. Eine regionale Gehölzvermehrung in vielen Gebieten kleinräumig zu verwirklichen wäre ein wesentlicher Beitrag zur Erhaltung der Biodiversität.

**WILDROSEN* FÜR DIE VERWENDUNG IN FREIEN HECKEN UND GÄRTEN**

- Kriechrose *(Rosa arvensis)*
- Glanzrose *(Rosa blondeana)*
- Weinviertler-, Alpenvorland-, Waldviertler-Heckenrose *(Rosa canina)*
- Buschrose *(Rosa corymbifera)*
- Essigrose *(Rosa gallica)*
- Blaublattrose *(Rosa jundzillii)*
- Stumpfblättrige Rose *(Rosa obtusifolia)*
- Weinrose *(Rosa rubiginosa)*
- Vogesenrose *(Rosa vosagiaca)*

* im Rahmen der regionalen Gehölzvermehrung für Niederösterreich zu beziehen

# Wildrosen im Porträt

Die rotblättrige Rose *(Rosa glauca)* wird bereits seit dem 18. Jahrhundert in Gärten kultiviert.

Nicht alle Wildrosen haben einen Gartenwert, und speziell in kleinen Gärten ist die Wuchsstärke bedeutend. Ausläufer treibende Arten sind nur für größerflächige Böschungsbepflanzungen geeignet. Die etwa 40 heimischen Wildrosen sind zum Teil schwer auseinander zu halten und kreuzen sich oft. Die Aufzählung reiht aufsteigend nach der Wuchsgröße.

## WERTVOLLE HEIMISCHE WILDROSEN

### Bibernellrose

*Rosa pimpinellifolia*
*Rosa spinosissima*

**ANDERER NAME:** Felsenrose, Dünenrose
**WUCHSFORM:** Kleinstrauch, 0,5–1 m, aufrechte Zweige, Ausläufer bildend
**BLÄTTER:** wechselständig
**BLÜTE:** Mai–Juni, reichblütig, weiß, 3–7 cm breit, intensiv nach Honig duftend
**FRÜCHTE:** Juli–September, kugelig, ca. 1 cm groß, braunschwarz
**WUCHSREGION:** Tallagen bis 2000 m Höhe, salzverträglich, Ausläufer treibend
**STANDORT:** sonnige, sandige, nährstoffarme Böden

### Kriechrose

*Rosa arvensis*

**Älteste Nutzrose der Menschheit**

**WUCHSFORM:** niedrig liegender oder kletternder Kleinstrauch, 0,5–1 m, Ausläufer bildend
**BLÄTTER:** wechselständig, 5–7-teilig gefiedert, 5–7 cm groß, elliptisch
**BLÜTE:** Juni–Juli, weiß, späteste Wildrose
**FRÜCHTE:** September–Oktober, oval bis rund, orange bis rot, 1–1,3 cm lang
**WUCHSREGION:** Tallagen bis 1300 m Höhe, Waldrand, Wald, Hecken
**STANDORT:** trockene bis feuchte, kalkarme oder -reiche, lehmige Böden, auch für Halbschatten geeignet, ideal für Böschungs- und Hangbepflanzung

### Essigrose

*Rosa gallica (Rosa austriaca)*

**WUCHSFORM:** niedriger Kleinstrauch, 0,5–1 m, Ausläufer bildend
**BLÄTTER:** wechselständig, (3)5(7)-teilige Fieder von 7–16 cm, teilweise wintergrün. Zweige mit zahlreichen hakigen Stacheln, duften nach Harz
**BLÜTE:** Juni–Juli, purpur bis hellrot, 5–9 cm breit. Intensiver Rosenduft!
**FRÜCHTE:** September–Oktober, kugelig bis birnenförmig
**WUCHSREGION:** Tallagen bis 1500 m Höhe, Waldrand, Hecken, Gebüsch, Magerrasen, Wege
**STANDORT:** kalkreiche Böden, für sandige Böden ungeeignet

## Heimische Apfelrose

*Rosa villosa*

**WUCHSFORM:** gedungener Strauch, 0,5–2 m, Ausläufer bildend
**BLÄTTER:** wechselständig (5)7-teilige Fieder von 6–15 cm, schwacher Apfelduft
**BLÜTE:** Mai–Juni, Blütenstände mit 1–3 Blüten, karminrot bis rosa, 4–7 cm breit, duftend
**FRÜCHTE:** August–September, erste Hagebutte, kugelig, eiförmig mit Apfelduft, 2,5–4 cm lang
**WUCHSREGION:** ursprünglich nur im Bergland, aber oft gepflanzt und verwildert
**STANDORT:** sonnige, warme und kalkreiche, felsige Böden

## Behaarte Feldrose

*Rosa jundzillii*

**WUCHSFORM:** Strauch, 0,5–2 m, überhängende Zweige, Ausläufer bildend
**BLÄTTER:** wechselständig, 5-7-teilige Fieder von 6–12 cm
**BLÜTE:** Blütenstände mit 1–4 Blüten, hell bis dunkelrosa, 5–8 cm, starker Rosenduft
**FRÜCHTE:** September–Oktober, 1,5–2,5 cm groß, scharlachrot
**STANDORT:** trockene Schotterböden, kalthältige Lehmböden

## Filzrose

*Rosa tomentosa*

**WUCHSFORM:** Strauch, 0,5–2 m, Äste kräftig, meist gekrümmte Stacheln
**BLÄTTER:** wechselständig, siebenteilige Fieder von 8–11 cm
**BLÜTEN:** blassrosa bis weiß, 3–5 cm breit
**FRÜCHTE:** September, beinahe kugelig, 0,5–1,5 cm groß
**WUCHSREGION:** Hecke, Waldrand, Gebüsche, Felsen, Wege
**STANDORT:** sandige, kalkreiche, lehmige Böden

## Alpenrose

*Rosa pendulina*

**ANDERER NAME:** Gebirgsrose
**WUCHSFORM:** niedriger oder kriechender Strauch, 0,5–3 m, bildet Wurzelausläufer
**BLÄTTER:** wechselständig, (7)9-teilige Fieder, wenige, kurze, gerade Stacheln
**BLÜTEN:** Mai–Juni, purpurrosa, duftende Blüten
**FRÜCHTE:** August–September, flaschenförmig, 1,5–3 cm groß, hellrot-orange
**WUCHSREGION:** Hügelland von 500–2600 m, Wald, Hecken, Felsen, Geröll, Wege
**STANDORT:** kalkarme, lehmige Böden, auch für Halbschatten geeignet

## Zimtrose

*Rosa majalis*
*(Rosa cinnamonia)*

**WUCHSFORM:** Kleinstrauch, 1–1,5 m, rutenförmige Zweige, Ausläufer bildend
**BLÄTTER:** wechselständig (5)7-teilige Fieder von 6–12 cm, große, eingerollte Nebenblätter (bis 2,5 cm)
**BLÜTEN:** Mai–Juni, einzeln, seltener zu 2–5 zusammen, karmin bis rosa, 4–7 cm breit, Rosenduft
**FRÜCHTE:** August-September, kugelig, 1–1,5 cm groß, kahl, orange- bis dunkelrot
**WUCHSREGION:** Tallagen bis 600 m Höhe, Bachufer, Auen, Felshänge; gefährdet, auch als Zierstrauch kultiviert
**STANDORT:** verträgt Halbschatten, gut an Wasser bzw. Teichen

## Lederrose

*Rosa caesia*

**WUCHSFORM:** gedrungen, bogige Zweige, 1–1,5 m
**BLÄTTER:** wechselständig, meist (5)7-teiliges Fiederblatt
**BLÜTEN:** Juni, tiefrosa, schwacher Duft
**FRÜCHTE:** August-September, kugelig, 1,5–2 cm Größe, bis in den Winter, essbar

## Apfelrose

*Rosa rugosa*

**WUCHSFORM:** stämmiger, Trupp bildender, aufrechter Strauch, 1–1,5 m, Ausläufer bildend
**BLÄTTER:** wechselständig, (5)7(9)-teilige Fieder von 8–15 cm
**BLÜTEN:** Mai-September, einzeln, selten in Dolden, violett bis rosarot, 6–8 cm breit
**FRÜCHTE:** September-Oktober, kugelig bis abgeflacht, 2–3 cm groß
**WUCHSREGION:** Tallagen bis 1500 m Höhe. Die ursprüngliche Heimat liegt in Ostasien. Von dort wurde die Apfelrose 1830 in Mitteleuropa wegen der großen Blüte und Früchte eingeführt. Sehr frosthart!
**STANDORT:** sonniger, sandiger, kiesiger, kalkarmer Boden, salztolerant

## Feldrose

*Rosa agrestis*

**WUCHSFORM:** lichter Mittelstrauch, dünntriebige Zweige 1–2 m
**BLÄTTER:** wechselständig, 5–7-teilige Fieder von 6–9 cm, Einzelblättchen gesägt, alle Stacheln gleich, kurz
**BLÜTEN:** Juni–Juli, letzte Wildrose in Blüte, weiß, duftlos, einzeln oder zu 2–10 Blüten zusammen
**FRÜCHTE:** Oktober–November, kugelig, eiförmig, 1–1,5 cm lang
**WUCHSREGION:** Tallagen bis 1000 m Höhe, Felshänge, Gebüsche, Hecken
**STANDORT:** sonnige, warme, kalkreiche, steinige, lehmige Böden

## Keilblättrige Rose

*Rosa elliptica*

**WUCHSFORM:** verzweigter, kurzastiger Strauch, 1–2 m
**BLÄTTER:** wechselständig
**BLÜTEN:** Juni–Juli, hellrosa, 4–5 cm groß, fast duftlos
**FRÜCHTE:** August-September, scharlachrot, kugelig 1,5–2,5 cm groß
**WUCHSREGION:** Magerrasen, Felshänge
**STANDORT:** sonnige, warme, kalkreiche, felsige, lehmige Böden

## Kratzrose

*Rosa scabriuscula*

**WUCHSFORM:** buschiger Strauch mit dünnen Ästen, 1–3 m
**BLÄTTER:** wechselständig, 5–7-teilige Fieder von 8–12 cm
**BLÜTEN:** Juni, einzeln oder zu 2–4 Blüten zusammen, hellrosa bis weiß, 3–4 cm breit
**FRÜCHTE:** 0,5–1,5 cm groß, tiefrot
**WUCHSREGION:** Tallagen bis 1.500 m Höhe, Hecke, Waldrand, Gebüsche und Wege

## Rotblättrige Rose

*Rosa glauca*

**Seit dem 19. Jahrhundert kultiviert. Gartenformen insgesamt stärker blaurot, großer Zierwert, orangerote Herbstfärbung**

**ANDERER NAME:** Hechtrose *(Rosa rubrifolia)*

**WUCHSFORM:** Strauch, 2–3 m, überhängende Zweige, Ausläufer bildend

**BLÄTTER:** wechselständig, (5)7-teilige Fieder von 5–11 cm

**BLÜTEN:** Juni–Juli, rosarot, innen weiß, schwacher Rosenduft

**FRÜCHTE:** August-September, orange- bis kirschrot, kugelig-oval, 1,5–2,5 cm groß

**WUCHSREGION:** Bergland von 700 bis 2000 m Höhe, Geröll, Felshänge, Mauern

## Stumpfblättrige Rose

*Rosa obtusifolia*

*Rosa tomentella*

**WUCHSFORM:** dichter Strauch mit überhängenden Zweigen, 1,5–2 m

**BLÄTTER:** wechselständig, 7-teilige Fieder, 4–6 cm

**BLÜTEN:** Juni-Juli, mehrere strahlend weiße Blüten nebeneinander, 3–4 cm groß

**FRÜCHTE:** September-Oktober, krugförmig oder rundlich, 1,5–2 cm groß

**WUCHSREGION:** Waldränder, Gebüsche, Hecken, Magerrasen, Mauern

**STANDORT:** sonnig bis halbschattig, steinige, lehmige, kalkreiche, trockene bis frische Böden, Pioniergehölz

## Kleinblütige Rose

*Rosa micrantha*

**WUCHSFORM:** offener Strauch, überhängende Äste, 2–3 m

**BLÄTTER:** wechselständig, (5)7-teilige Fieder von 5–9 cm, Einzelblättchen, gesägt, 1–2 cm, früher Laubfall

**BLÜTEN:** Juni–Juli, letzte Wildrose in Blüte, hellrosa bis weißlich, 2,5–3,5 cm

**FRÜCHTE:** reichlich essbare, kugelige, kleine Hagebutten

**WUCHSREGION:** Felshänge, Magerrasen, Waldrand, Hecken

## Weinrose

*Rosa rubiginosa*

**WUCHSFORM:** kurzästig, 2–3 m, Ausläufer bildend

**BLÄTTER:** wechselständig, 5–7-teilige Fieder von 3–6 cm, Blätter duften nach Wein und zerriebenen Äpfeln, hakige, große Stacheln

**BLÜTEN:** Juni, aufblühend dunkelrosa, dann hellrosa, 3–5 cm, Rosenduft

**FRÜCHTE:** September-Oktober, kugelig bis eiförmig, 1,5–2 cm groß, orangerot, essbar

**STANDORT:** sonnige, kalkreiche, magere, steinige, lehmige Böden

## Buschrose

*Rosa corymbifera*

**WUCHSFORM:** stark ausladender Strauch, 2–4 m, schön für breite, hohe Hecken

**BLÄTTER:** wechselständig, 5–7-teilige Fieder von 6–8 cm, große, hakige Stacheln

**BLÜTEN:** Juni, kurz vor Hundsrose, hellrosa bis weiß, 4–6 cm, mehrere Blüten zusammen, duftlos

**FRÜCHTE:** September–Oktober, kugelig bis eiförmig, 1,2–2 cm groß

**WUCHSREGION:** Tallagen bis 1300 m Höhe, Waldrand, Gebüsche, Hecken, Wege

**STANDORT:** sonnige, warme, trockene, lehmige, sandige Böden

## Hundsrose
*Rosa canina*

**viele regionale Unterarten und Bastarde, hoher ökologischer Wert**

**WUCHSFORM:** Busch, 3–5 m hoch, überhängende Zweige, Wurzelausläufer bildender Tiefwurzler

**BLÄTTER:** 5–7-teilige, meist handgroße Fieder von 6–9 cm, Einzelblätter eiförmig spitz, Zweige lang, sehr stachelig

**BLÜTEN:** Juni–Juli, reinweiß, hellrosa bis schwachrot, zahlreiche auffällige, gelbe Staubgefäße, aromatisch duftend

**FRÜCHTE:** bis 2 cm lang, schlank, eiförmig, im Spätherbst, Fruchtfleisch essbar

**WUCHSREGION:** Europa, sehr formenreich

**STANDORT:** anspruchslos, auf steinigen bis lehmigen Böden, an sonnigen, warmen Plätzen. Der Name »Hundsrose« stammt aus alter Zeit, weil man dem Saft ihrer Wurzel die Heilung der Tollwut zuschrieb.

## Blaugrüne Rose
*Rosa vosagiaca*

**WUCHSFORM:** überhängender Kleinstrauch

**BLÜTEN:** Juni–Juli, vor Hundsrose, rosa, 3–5 cm groß, von großem Laubblatt umgeben, zarter Duft

**FRÜCHTE:** August–September, 2–3,5 cm, essbar

**WUCHSREGION:** Hecken, Magerrasen, Waldrand, Mauern, Pioniergehölz

**STANDORT:** steinige, sonnige, lehmige, kalkreiche Böden, windtolerant, frosthart

### WERTVOLLE NICHT HEIMISCHE WILDROSEN UND MUTATIONEN

## Glanzrose
*Rosa nitida*

**Aus Nordamerika stammend, verträgt Trockenheit**

**WUCHSFORM:** 50–70 cm hoch, viele Ausläufer, für Böschungssicherung

**BLÜTEN:** Juni–Juli, rosa, einfach blühend, etwa 5 cm groß

**FRÜCHTE:** erbsengroße Hagebutten schmücken bis in den Winter, orangerote bis braunrote Laubfärbung

## Kapuzinerrose
*Rosa foetida* 'Bicolor'

**Die Kapuzinerrose, in England als 'Austrian Copper' bekannt, ist eine schon vor 1590 entstandene Mutation der gelben Ausgangsart *Rosa foetida***

**WUCHSFORM:** 1,5 m hoch

**BLÜTEN:** einfache offenen Blüten, innen leuchtend orangerot, Außenseiten gelb

## Zweifarbige Weinrose
*Rosa rubiginosa*
'Lord Penzance', *um 1894*

**WUCHSFORM:** bis 2 m hoch

**BLÜTEN:** lachsrosa mit gelber Mitte, Laub und Blüten mit Apfelduft

**FRÜCHTE:** zahlreiche Hagebutten im Herbst, für Hecken gut geeignet

## Kiese – Hundrose

*Rosa canina* 'Kiese'

**WUCHSFORM:** starkwüchsig, bis 2 m hoch
**BLÜTEN:** mit zahlreichen einfachen, kräftig roten, duftenden Blüten
**FRÜCHTE:** zahlreiche rote Hagebutten im Herbst

## Vielblütige Rose

*Rosa multiflora*

**stammt aus Japan und Korea**
**ANDERER NAME:** Büschelrose
**WUCHSFORM:** starkwüchsig, kletternd, bis 3 m hoch
**BLÜTEN:** Im Juni Massen von zierlichen, etwa 2 cm großen, weißen, leicht duftenden Blüten
**FRÜCHTE:** erbsengroße, rote Früchte

## Chinesische Goldrose

*Rosa hugonis*

**aus Mittelchina stammend**
**WUCHSFORM:** bis 2,5 m hoch
**BLÜTEN:** bereits im Mai, hellgelb, einfach, stehen einzeln an kurzen Seitentrieben
**FRÜCHTE:** Hagebutten kugelig, dunkel- bis schwärzlichrot

## Afghanische Rose

*Rosa ecae*

**Aus Afghanistan und Turkestan stammend**
**WUCHSFORM:** bis ca. 1,5 m hoch
**BLÜTEN:** bereits im April zahlreiche, kräftig goldgelbe Einzelblüten, frühestblühende Rose
**FRÜCHTE:** bereits im Spätsommer reifende, erbsengroße, rot glänzende Hagebutten

## Stacheldrahtrose

*Rosa omeiensis pteracantha*

**WUCHSFORM:** sparrig, strauchförmig bis 3 m, Rückschnitt regt die Bildung junger Triebe mit den äußerst attraktiven, durchscheinend kirschroten Stacheln an
**BLÜTE:** bereits im Mai mit nur 4 weißen Petalen je Einzelblüte
**FRÜCHTE:** kleine, gelborange Hagebutten

## Mandarinrose

*Rosa moyesii*

**WUCHSFORM:** strauchförmig, bis 3 m hoch, locker, braunrote Triebe
**BLÜTEN:** in Gruppen stehend, dunkel weinrot, goldgelbe Staubgefäße
**FRÜCHTE:** große Hagebutten

# Rosen mit besonderen Hagebutten

Hagebutten enthalten viel Vitamin C, A, B1, B2, Kalzium, Magnesium und andere Mineralstoffe.

## Hagebuttenbeschreibung

| Name | Blüte | Hagebutten |
|---|---|---|
| *Rosa moyesii* | dunkel weinrot | flaschenförmig, 5–6 cm lang, mit deutlichem Hals, dunkel orangerot |
| *Rosa multiflora* | weiß, einfach, in Rispen | rot, etwa erbsengroß, überreich, im Juli bis August |
| *Rosa sweginzowii macrocarpa* | rosa, groß, einfach | bis 6 cm lang, flaschenförmig, borstig, rot, äußerst attraktiv |
| *Rosa holodonta* | rosa, remontierend | flaschenförmig, borstig oder glatt, rot bis scharlachrot, bis 6 cm lang, äußerst attraktiv |
| *Rosa canina* | rosa bis weiß | rot, glatt, oval, 1–2 cm lang |
| *Rosa roxburghii* | zartrosa, einfach und klein | groß, grün, bestachelt, an Kastanien erinnernd |
| 'Bobbie James' | cremeweiß, einfach | klein, orangefarben, oval, überreich in Büscheln |
| 'Kiftsgate' | cremeweiß | zahlreich, orangegelb bis orangerot, glatt, überreich in Büscheln |
| *Rosa setipoda* | rosa, in Büscheln | flaschenförmig, orangerot, 2,5 cm lang |
| *Rosa rubrifolia* | rot, einfach | tiefrot, kugelig, ab August bis September, stark duftend |

Die Hundsrose *(Rosa canina)* entwickelt rote, glatte, 1–2 cm lange Früchte.

### ALS WILDOBST GEEIGNETE »VITAMINROSEN«

- **Hundsrose** *(Rosa canina)*
- **Heimische Apfelrose** *(Rosa villosa)*
- **Essigrose** *(Rosa gallica)*
- **Raublättrige Rose** *(Rosa jundzillii)*

### IDEAL ZUR MARMELADEN-HERSTELLUNG

- **Rotblättrige Rose** *(Rosa glauca)*
- **Alpenrose** *(Rosa pendulina)*

Einige Rosensorten zeichnen sich durch besonders auffallenden Hagebuttenschmuck aus. Bis in den Winter hinein, insbesondere bei Raureif, ergeben sich Gartenbilder von außergewöhnlicher Schönheit. Die leuchtenden, roten Rosenfrüchte erfreuen nicht nur das Auge, sie sind auch Nahrung für viele Tiere in der kargen Winterzeit.

**GESUNDE FRÜCHTCHEN** Die Früchte der Rosen, die Hagebutten, sind eigentlich Scheinfrüchte. Sie sind der fleischige, krugartige, erweiterte Blütenboden, der die eigentlichen Früchtchen, die »Nüsschen«, umschließt. Ihr hoher Vitamin-C-Gehalt – bis zu 2 Gramm in 100 Gramm Fruchtschalen, macht sie wertvoll für die Verwertung. Den höchsten Gehalt an Vitamin C (bis zu 33fach höher als der von Zitronen) enthalten Hagebutten bei einem ganz bestimmten Reifegrad, nämlich dann, wenn die Früchte feuerrot, aber noch nicht weich sind.

Die Vitamine A, B1, B2, Kalzium, Magnesium und andere Mineralstoffe, Fruchtsäuren sowie Pektin sind ebenfalls enthalten. Neben Marmeladen lassen sich aus Hagebutten Säfte und Liköre, aber auch Salate, Soßen und Beilagen herstellen. Zum Nachtisch stehen Desserts und Bonbon- oder Gebäckfüllungen aus Hagebutten zur Auswahl. Blätter und getrocknete Früchte finden sich in vielen Teemischungen.

### HAGEBUTTENLIKÖR

**ZUTATEN**

- **500 g Hagebutten** (geerntet nach dem ersten Frost)
- **150 g Kandiszucker**
- **1 Flasche Kirschwasser**

**ZUBEREITUNG**

Die geputzten, gewaschenen und entkernten Hagebutten fein zerkleinern und mit Kandiszucker und Kirschwasser in ein Gefäß füllen. Gut verschließen, 5 Wochen durchziehen lassen, abseihen und abfüllen. Nach vier Monaten Lagerzeit ist der Hagebuttenlikör genussreif.

### HAGEBUTTENMARMELADE

**ZUTATEN**

- **500 g Hagebutten**
- **1/2 Liter Wasser**
- **Zucker**
- **Schale einer unbehandelten Zitrone**

**ZUBEREITUNG**

Die geputzten, gewaschenen und entkernten Hagebutten einen Tag lang im Wasser stehen lassen. Die mürbe gewordenen Früchte mit dem Einweichwasser erhitzen und so lange kochen lassen, bis sie weich sind. Das Fruchtmark abwiegen, die gleiche Menge Zucker und die Zitronenschale hinzufügen, nochmals erhitzen und unter Rühren zehn Minuten kochen. Danach die Marmelade abfüllen.

# Sortenvielfalt der Rosen

Ende des 20. Jahrhunderts begann der Gesinnungswandel hin zu widerstandsfähigen, robusten Rosen. Besonders in Form der Bodendeckerrosen und Kleinstrauchrosen traten vielseitig verwendbare Gruppen in Erscheinung. Eine Renaissance erlebte auch der Typus der Historischen Rose durch die Züchtung der Englischen Rosen. Anders als die meisten Historischen Rosen sind sie zu mehrfacher Blüte fähig. Dieser nostalgische Trend nach alten Blütenformen und lockeren, mittelgroßen Solitärrosen setzt sich auch in der züchterischen Arbeit der Gegenwart fort.

# Eine neue Rose entsteht

Prüfgärten in ganz Europa testen die Eignung einer neuen Rosensorte für die Klima- und Wuchsbedingungen in den jeweiligen Regionen.

Obwohl bereits im 17. Jahrhundert die Funktion von Staubbeutel und Narbe in der Blüte bekannt war, wurde dieses Wissen 200 Jahre lang nicht praktisch umgesetzt. Weiterhin brachten Zufallsergebnisse neue Sorten hervor. Zwei in voller Blüte stehende, unterschiedliche Sorten wurden zusammengesetzt und bei ihrer Nachkommenschaft auf eine neue Rose gehofft.

Das Einführen von Rosen aus dem Fernen Osten im 19. Jahrhundert fiel mit dem enthusiastischen Beginn der Rosenzüchtung durch Amateurzüchter in Frankreich zusammen. Seit damals wird durch genaue Auswahl der Elternsorte vorhergeplant. Heutzutage ist Rosenzucht ein bedeutender Wirtschaftszweig. Es dauert etwa 15 Jahre, bis das Ergebnis einer Sortenkreuzung auf dem Markt erhältlich ist.

**SORTENAUSLESE** In großen Rosenschulen werden pro Jahr tausende Rosenblüten mit fremden Pollen gezielt bestäubt. Aus den daraus entstehenden etwa 200.000 Sämlingen, die im Gewächshaus ihre erste zarte Blüte zeigen, werden in einem strengen Ausleseverfahren einige wenige leistungsfähige Sorten ausgewählt. Diese werden an verschiedene Prüfgärten in ganz Europa versandt, wo man ihre Eignung für die Klima- und Wuchsbedingungen in den jeweiligen Regionen prüft. Nach den Rückmeldungen dieser Fachprüfungen entscheidet der Rosenzüchter, ob er den wirtschaftlich aufwändigen Schritt wagt, die Rose mit großem Werbeaufwand auf dem Markt zu etablieren.

**WARUM NICHT SELBER ZÜCHTEN?**

Im Grunde genommen ist Rosenzucht, wenn sie nicht unter dem Druck der Wirtschaftlichkeit steht, eine recht einfache Angelegenheit. Bei zwei Sorten, von denen man sich interessante Gemeinsamkeiten erwartet, wird der Pollen der männlichen Elternsorte mit einem Pinsel auf die Narbe der weiblichen Elternsorte aufgebracht. Nachdem die bestäubte Blüte markiert und gegen Fremdbestäubung durch Insekten geschützt ist, wird die ausgereifte Hagebutte einen Monat lang im Kühlschrank bei ca. 4 °C aufbewahrt. Diese als Stratifikation bezeichnete Methode regt den Samen zur Keimung an. Danach werden die Samen in Töpfe eingepflanzt und an einem geschützten Ort großgezogen. Vielleicht ist eine interessante neue Rose dabei, der Sie dann ihren Namen geben können!

# Empfehlenswerte Rosensorten

'Erfurt'

Unter tausenden Rosensorten eine stark beschränkte Auswahl zu treffen ist schwierig. Einige bewährte alte und neuere Züchtungen werden hier ausführlicher erläutert.

**BEETROSEN**

### 'Friesia' *ÖRP und ADR-Rose*

Kordes 1973, leuchtend goldgelb, reichhaltige Blüten, gut verzweigt, locker buschig, 40–70 cm, öfter blühend, sehr gesund, frosthart

### 'Christiane Hörbiger'

McGredy 1993, die leicht grün angehauchte Knospe entwickelt sich zu einer reinweißen, vollen und schön gezeichneten Blüte, die bis zum Abblühen sauber und reinweiß bleibt; sehr wüchsig, schnittgeeignet, sehr gesund mit schönem, dunklem Laub

### 'La Sevillana' *ADR-Rose*

Meilland 1982, herrliche, mehrfach preisgekrönte Rose, blüht lange, pflegeleicht, Rückschnitt mit Heckenschere, dunkel zinnoberrote, farbintensive Blüte bis in den Herbst, dichter Wuchs, geeignet für Hecken, Beete, Rabatten, in Staudenkombination und Pflanzkübeln, im städtischen Grün von Rom häufig verwendet

### 'Schöne Dortmunderin' *ADR-Rose*

Noack 1991, kleine reinrosa Blüten in kegelförmigen Rispen, reich verzweigt, buschig, 80 cm, kräftiger buschiger Strauch mit gesundem Laub, ideale Staudenkombinationsrose, vielseitig verwendbar

## BODENDECKERROSEN

### 'Heidefeuer' *ADR-Rose*

Noack 1995, Blüte: leuchtend rot, gefüllt, in Dolden, etwas später blühend, dann jedoch überreich bis in den Spätherbst, gute Bodendeckung, kräftiger Rückschnitt alle paar Jahre verhindert Tendenz zum Verholzen, robust und gesund, frosthart; rosarote Variante »Heidetraum« mit gleichen Eigenschaften

### 'Schneeflocke' *ADR-Rose*

Noack 1991, rein weiß, äußerst reich und konstant blühend, halb gefüllte Blütenbüschel von Anfang Juni bis in den Spätherbst, regenfest, 50 cm, breit, niedrig liegend, bodendeckend, sehr gesundes, glänzendes Laub, verwendbar als Flächendecker, Kübelpflanze oder für Hochstammveredelungen

### 'The Fairy'

Bentall 1932, hellrosa, breit, dicht, leicht überhängend, 60–70 cm, gesund, reichblütig bis in den Spätherbst, sehr schön auch auf Hochstamm veredelt oder in Kübel, einziger Nachteil: kein Duft

### 'Wildfang'

Noack 1989, kräftig rosa, öfter blühend, halbgefüllt, 80–110 cm, Wildrosencharakter mit guter Bodendeckung, auch als niedrige Kletterrose gute Kombinationsmöglichkeiten, robust und gesund

## EDELROSEN

### 'Gloria Dei'

Meilland 1945, goldgelb mit rosa Rand, großblumig, dicht gefüllt, gesundes, attraktives Laub, lange Blütezeit, gute Schnittsorte, nach wie vor eine der gesündesten Rosen; anlässlich der UNO-Gründung erhielt jeder Delegierte eine Rose dieser auch »Peace Rose« genannten Sorte

### 'Queen Elizabeth Rose'

Lammerts 1954, silbrigrosa-zartrosa, aufrecht, 100 cm, sowohl als Edelrose bei starkem Schnitt als auch als Strauchrose verwendbar, etwas steifer, aufrechter Wuchs, winterharter Dauerblüher

### 'Sutter's Gold'

Armstrong 1950, hellorangegelb, rot geädert, aufrecht, 80–90 cm, intensiver Duft, altbewährte, gesunde und robuste Rose mit eleganter Knospen- und Blütenform, wuchsfreudig, kräftiges Laub, 'Climbing Sutter's Gold' ist eine gute Kletterrose

## KLEINSTRAUCHROSEN

### 'Apricot Parfait'

David Austin 1991, neben 'Gertrud Jekyll' die am stärksten duftende Englische Rose, riesige, mit mehr als 40 Petalen stark gefüllte Blüten, reichhaltiges Farbenspiel von sattem Apricot mit gelber Mitte zu deutlichem Rosa, fortdauernd und üppig blühend, 90 cm, eine der großartigsten Englischen Rosen

### 'Graham Thomas'

David Austin 1983, klares, zartes Gelb, das in der Mitte der becherförmigen Blüten dunkler ist; angenehmer, eleganter Duft, hervorragend als Einzelstrauch wie auch für Gruppenbepflanzung. Englische Rose. Bei regelmäßigem Schnitt niedrig bleibend, sonst bis 2 m hoher Strauch; reich blühend bis in den Spätherbst.

### 'Erfurt'

Kordes 1939, aus attraktiv aufgerollten Knospen entwickeln sich rosa Schalenblüten mit auffallenden Staubgefäßen, großblumig, halb gefüllt, ca. 150 cm hoch, breitbuschig wachsend mit gesundem, ledrigem, ins Bronzefarbene spielendem Laub, fortlaufend blühend, im Herbst bis Winter schöner Hagebuttenschmuck (kein Herbstschnitt!)

### 'Ferdy'

Keisei Rose Nursery 1985, fuchsienrosa mit cremegelber Mitte, kleine Blüten, halb gefüllt, überreich einmal blühend, kraftvoll und gesund, gute Kaskadenrose auf Stämmchen, ca. 100–150 cm hoch, pflegeleicht, kein Rückschnitt im Winter, weil Blüten eng an vorjährigen Trieben entstehen, frosthart

### 'Heritage'

David Austin 1984, rosa, außen fast weiß, innen bis ins hellste Rot steigend, öfter blühend, stark nach Zitrone duftend, Blüten in kleinen Büscheln, 100–150 cm, dunkles, kräftiges Laub, gut für Hecken, Beete und Rabatten, Muttersorte 'Schneewittchen', gesund, schöner Habtius, Englische Rose

### 'Robin Hood'

Pemberton 1927, viele Blütenbüschel in kleinen, einfachen, kirschroten Blüten mit weißer Mitte, pflegeleicht, sehr gesund, 100–150 cm, Elternteil von 'Schneewittchen'

### 'Schloss Glücksburg'

David Austin 1986, duftend, gefüllt, 70–80 cm, Englische Rose, auch als 'English Garden' geführt, Blüten wechseln von zartgelb auf bernsteinfarben bis hin zu blassem Apricot, wunderbare Vasenrose, gut in Rabatten und Staudenbeeten

### 'Rush'

Lens 1983, lieblich, zartrosa-weiß, gesund, lang und reich blühend; als Kleinstrauch wie als niedrige Kletterrose vielseitig verwendbar. Die einfachen Blüten mit den zierenden Staubgefäßen bieten Bienen und Vögeln wochenlang Nahrung, 100–150 cm, locker hängende, adrette Strauchform

## KLETTERROSEN

### 'American Pillar'

van Fleet 1902, karminrosa mit weißem Auge, überreich blühend, sehr stark wachsend, bis 600 cm, wächst gut in Bäume hinauf

### 'Veilchenblau'

Schmidt 1909, zauberhafte, purpurviolette, kleine Blüten mit weißem Auge, die durch das hellgrüne Laub besonders hervorgehoben werden, einmal blühend, 300 cm, Rambler, verträgt Halbschatten, buschig, sehr vital, leichter Duft, ein Elternteil ist 'Erinnerung an Brod' des österreichischen Züchters Rudolf Geschwind

### 'New Dawn'

Somerset Rose Nurseries 1930, duftend, apfelblütenrosa, locker gefüllt, 400 cm, öfter blühend, gesund, vielseitig und robust, regenfest, häufigste und wohl beste Kletterrose, sogar für Halbschatten, bildet viele Hagebutten, erste Pflanze, die in den USA patentiert wurde, gut durch Stecklinge vermehrbar

### 'Rosarium Uetersen'

Kordes 1987, leuchtend rosa, Blüten in Büscheln, leicht süßlich duftend, bis in den Herbst blühend, winterhart und wetterfest, 200–300 cm, ideal für Beranken von Mauern, Zäunen, Bögen etc.

## STRAUCHROSEN

### 'Nordlandrose'

Rudolf Geschwind 1884, *Rosa multiflora*, eine der besten Züchtungen des österreichischen Rosenzüchters, die kräftig hellrosa, dicht gefüllten Blüten sind gut haltbar, einmal blühend, die robuste Pflanze eignet sich sehr gut für naturnahe Gärten

### 'Fontaine'

Tantau 1970, samtig dunkelrot, gefüllt, prachtvolle Einzelblüten mit leichtem Duft an langem Stiel, große Blätter, im Austrieb elegant weinrot, sehr gut schnittgeeignet für die Vase, Blüten bis in den Oktober

### 'Frühlingsmorgen'

Kordes 1942, karminrosa mit gelber Mitte, einfach blühend, 150–180 cm, malerische Strauchform, graugrünes Laub, große Hagebutten

### 'Marguerite Hilling'

Hilling 1958, Mutation von 'Nevada', karminrosa, einfach blühend, 200–300 cm, wunderbar ausladender Wuchs, graziöse große Blüten vom Frühjahr bis zum Herbst, wunderbare Solitärrose oder für frei wachsende Hecken, frosthart

### 'Nevada'

Dot 1927, zarte rosa bis apricotfarbene Knospen öffnen sich zu cremeweißen Blüten, duftend, 250 cm, öfter blühend, mit ihrer Überfülle an wetterfesten, einfachen Blüten in Verbindung mit ihrem großen kräftigen Wuchs bildet sie den Blickpunkt als Solitär- und Gruppenrose

### 'Schneewittchen'

Kordes 1958, oft auch als 'Iceberg' geführt, eine der besten weißen Strauchrosen mit sehr gesundem Laub und reinweißen, gefüllten Blüten bis zum Frost, 150–200 cm, kompakte Strauchform, schnittverträglich

### 'Westerland' *ÖRP-Rose*

Kordes 1969, sehr winterhart und gesund, das kräftige dunkle Laub hebt die apricotfarbenen bis orangeroten Blüten besonders hervor, reichblütig bis zum Frost, stark duftend, 150–200 cm, schöne Gruppen- und Solitärstrauchrose

# Rosenpflege & Pflanzenschutz

Der wichtigste Beitrag für gesundes Rosenwachstum ist vorbeugend zu leisten, damit man erst gar nicht über Pflanzenschutzmaßnahmen nachdenken muss. Die Wahl des Standortes der Rosen und der richtigen Rosensorten für diesen Standort ist dabei die wichtigste Entscheidung.
Rosen brauchen lockere, humusreiche Böden und als Tiefwurzler einen ausreichend großen Wurzelraum. Ein luftiger Standort ist zu empfehlen und Bewässerung über die Blätter zu vermeiden, da nasse Blätter die Ausbreitung von Pilzkrankheiten fördern.

# Bewässerung & Düngung

Rosen immer an der Basis gießen, um das Benetzen der Blätter und Blüten zu vermeiden. Im Bild: *Rosa* x *centifolia* 'Pompon de Bourgogne'.

Damit Rosen Hitzeperioden gut überstehen, muss schon bei der Pflanzung für eine tiefe Verwurzelungsmöglichkeit gesorgt werden. Auch während langer Trockenperioden verbleibt noch Bodenfeuchtigkeit in den tieferen Regionen, nur der Oberboden trocknet ab. Deshalb ist es besser, Rosen weniger häufig, jedoch lang anhaltend zu wässern. Die Feuchtigkeit und mit ihr die Rosenwurzeln dringen dann in tiefere Regionen vor, die Pflanze überlebt auch eine bewässerungsarme Sommerurlaubszeit.

**TIPP** **Lange und mit geringem Wasserdruck gießen! Bauen Sie um die Rosen einen kleinen Gießwall, legen Sie dort das Schlauchende hinein und lassen Sie das Wasser langsam einige Stunden rinnen, so kommt es dem Wurzelstock optimal zugute. Benetzen der Blätter beim Gießen vermeiden!**
**In den ersten Jahren brauchen Rosen mehr Wasser als später, wenn sie mit ihren Wurzeln schon tiefere Bodenräume erschlossen haben.**

**ROSEN IMMER MORGENS GIESSEN** An sonnigen Tagen wirken Wassertropfen auf den Blättern wie ein Brennglas, es können Verletzungen entstehen, die eine Eintrittsstelle für Pilzerkrankungen sind. Wird am Abend gegossen, trocknen die Pflanzen nicht mehr ab, die verbleibende Feuchtigkeit schafft ein ideales Pilzklima. Der Morgen ist also ideal für das Gießen der Rosen.

**DÜNGUNG** Wachsen, Blühen und Fruchten kostet Substanz, die aus dem Boden aufgefrischt werden muss. Daher müssen Bodengefüge und vor allem Bodenleben stimmen. Nur ein lebendiger Boden kann den Wurzeln Nährstoffe zur Verfügung stellen, nur ein strukturierter Boden lässt die Entwicklung der Feinwurzeln für die Nährstoffversorgung der Pflanze zu.

Gerade im Hausgarten wird eher zu viel als zu wenig gedüngt. Das kann fatal sein – Blatt- und Wurzelverbrennungen sowie Schäden am Bodenleben sind die Folge.

Im naturnahen Garten sollte ohnehin der Kompost die Hauptrolle bei der Zufuhr von Nährstoffen spielen. Zeigt sich Nährstoffmangel, empfiehlt es sich, vorab eine Bodenprobe durchführen zu lassen. Sind Hauptnährstoffe (Stickstoff, Phosphor, Kali) oder Spurenelemente zu gering vorhanden, bieten zahlreiche Naturdünger auf organischer Basis Abhilfe.

## TIPPS ZU DEN WICHTIGSTEN NÄHRSTOFFEN

**STICKSTOFF** fördert das Triebwachstum, und zu starke oder im Spätsommer durchgeführte Stickstoffgaben treiben die Rose zur Bildung von langen, weichen, dünnwandigen Trieben an, die dann bei Frost abfrieren. Stickstoffüberschuss zeigt sich an mastigem Wuchs, starkes Triebwachstum geht zu Lasten der Blüten- und Fruchtbildung. Daher ist überlegte Stickstoffzufuhr angebracht.

**PHOSPHOR** beeinflusst die Blüten-, Samen- und Fruchtbildung. Phosphormangel liegt selten vor, äußert sich in verzögerter Blüte und blaugrauer Färbung der Blätter. Dagegen hilft eine Düngung mit Knochen- und Blutmehl.

**KALIUM** regelt den Wasserhaushalt der Pflanzen, ein Mangel fördert die Frostanfälligkeit und erleichtert Krankheitserregern das Eindringen in die Pflanze. Kaliummangel zeigt sich an Blättern, die vom Rand her braun und trocken werden. Eine Kaliumgabe Anfang September fördert die Frosthärte der Rosen. Zu starke Kaliumgaben können zu Magnesium-Mangelerscheinungen wie Gelbwerden zwischen den Blattadern führen.

**KALZIUM** ist für die Festigkeit des Gewebes mitverantwortlich. Es beeinflusst wesentlich den Säurewert (ph-Wert) des Bodens, der mithilfe eines Schnelltests leicht selbst ermittelbar ist. Rosen bevorzugen ph-Werte zwischen 6 und 7. Auf sauren Böden kann der ph-Wert durch Kalkgaben erhöht werden.

**MINERALISCHE DÜNGER** ❧ Mineralische Düngesalze wirken sehr schnell, sobald sie in die Nähe der Wurzeln gelangen und stehen den Pflanzen direkt zur Verfügung. Im naturnahen Garten wird darauf verzichtet. Im ersten Standjahr können sie an den neu gebildeten Feinwurzeln zu Verbrennungen führen. Überdosierungen sind für die Pflanze manchmal fatal.

**ORGANISCHE DÜNGER** ❧ Sie benötigen, um für die Pflanze aufgeschlossen zu werden, ein intaktes Bodenleben. Dieses wird durch mineralische Düngesalze oft stark beeinträchtigt. Organische Dünger wirken langsamer, fördern langfristig aber die Bodenfruchtbarkeit im Sinne des Bodens als Gesamtorganismus. Da die Bodenorganismen erst ab 8 °C Bodentemperatur aktiv werden, ist eine organische Düngung erst dann wirksam.

#### WICHTIGE ORGANISCHE DÜNGER

**HORNSPÄNE** ❧ bis 14 % Stickstoff und 5 % Phosphat, langsam, aber dauerhaft wirkend

**HORNMEHL** ❧ fein vermahlene Hornspäne, dadurch schneller für die Pflanze verfügbar

**BLUTMEHL** ❧ bis zu 14 % Stickstoff, schnell wirkend

**KNOCHENMEHL** ❧ geringer Stickstoffgehalt (5 %), wichtiger Kalzium-Phosphatdünger

#### MISTARTEN

**PFERDEMIST** ❧ bei den Hauptnährstoffen jeweils weniger als 1 %, gut ausgewogen, vorsichtig jedoch bei zu strohigem Anteil, es kommt zum Stickstoffentzug im Zuge der Verrottung des Strohanteils und damit zu Kümmerwuchs der Rosen.

**HÜHNERMIST** ❧ höher konzentriert als Pferdemist, hoher Kalziumgehalt (bis zu 14 %), Hauptnährstoffanteile 2–5 %

**RINDERMIST** ❧ geringe Hauptnährstoffkonzentration (bis 0,5 %), jedoch trocken ausgebracht schnell wirksam

'The Fairy'

**GUANO** ❧ sehr hoher Phosphatgehalt (12 %) und Stickstoffanteil (6 %), schnell wirksam, effektiv, jedoch umweltbelastender, weiter Antransport

**SCHROTE** ❧ verschiedene Presskuchen aus der Weintraubenverarbeitung und der Gewinnung von Rizinusöl, hohe Stickstoff-, Phosphat- und Kaliumanteile

**ERDKOMPOST** ❧ Hauptnährstoffe unter 1 %, jedoch sehr ausgewogen

Bei der Ausbringung von Tiermist ist bei frischem, harnstoffreichem Mist Vorsicht geboten. Es sollte nur angerotteter Mist zum Einsatz kommen: dem eigenen Kompost am besten derartigen Mist beimengen.

## Rosen mulchen?

Mulchen wird allerorts empfohlen, hat sich bei Rosen aber nicht immer als sinnvoll erwiesen. Es kommt sehr auf die Art des Mulchs und die Stärke der Mulchdecke an. Grundsätzlich schützt die Mulchdecke Boden und Lebewesen vor Kälte oder Überhitzung, reguliert den Feuchtigkeitshaushalt und schränkt die Unkrautkeimung ein.

**VORSICHT UND IST JEDOCH GEBOTEN**

- Zu dicke Mulchschichten speziell mit Rindenmulch oder Rasenschnitt führen dazu, dass dem Boden zur Verrottung des Mulchs Stickstoff entzogen wird.
- Speziell Jungrindenmulch enthält je nach Baumart unterschiedlich viel Gerbsäure, die das Bodengefüge massiv stören und zu Nährstoffmangelerscheinungen führen kann.

Den Vorzug sollte man Mulchmaterial aus dem eigenen Garten geben (3 bis 5 cm stark, Wiesen- oder Rasenschnitt). Bei Rindenmulch immer auf Gütesiegel achten, die eine Herkunft aus pflanzenschutzmittelfreien Wäldern gewährleisten.

Strauchrose 'Schneewittchen'

**TIPP** Bei Gartenrosen fördert die Zufuhr von Nährstoffen nach der Blüte den folgenden Blütenansatz. Die Kaliumversorgung im Spätsommer trägt zur Ausreifung des Holzes und damit zur Frosthärte wesentlich bei. Im naturnahen Garten bietet reifer Kompost aus eigener Produktion wohl die beste Nährstoffquelle und Bodenverbesserung.

# Der Rosenschnitt – eine praktische Anleitung

'Rush'

Sie stehen unschlüssig vor einem Rosenstrauch, dessen Erscheinungsbild Sie nicht zufrieden stellt, oder den Sie durch Schnitt blühfreudig und jung erhalten wollen? Die wichtigsten Regeln, die Sie beachten müssen:

**SCHNITTZEITPUNKT**

- Wird **ZEITIG IM FRÜHJAHR** geschnitten, blühen die Rosen früher, in Frostlagen besteht jedoch Gefahr von Schäden infolge bereits austreibender Augen. Daher sollte in kalten Lagen und auf schweren Böden erst später geschnitten werden, auch wenn die Knospen schon ein wenig angeschwollen sind. Formierungsschnitte können auch während des Frühjahrs durchgeführt werden.
- **SCHNITTE IM SPÄTSOMMER** führen zu Austrieben, die nicht mehr winterhart ausreifen, und damit einen Verlust für den Gesamtorganismus darstellen.
- **DER HERBSTSCHNITT** erfolgt erst nach Abwerfen des Herbstlaubes, so dass kein Durchtreiben der Augen mehr angeregt wird.

**ENTFERNUNG VON DÜRREM UND KRANKEM HOLZ** ❧ Als erstes werden verdorrte und kranke oder durch Frostschäden aufgeplatzte Äste bis zur Basis entfernt.

**WILDTRIEBE ENTFERNEN** ❧ Bei veredelten Rosen, die aus einem Wildrosenwurzelteil und dem Edelsortenteil bestehen, müssen alle Wildtriebe möglichst am Ansatz entfernt werden. Dabei wird der Wurzelhals freigelegt. Besser als Schneiden ist es, den Wildtrieb abzureißen, damit wird ein Wiederaustrieb unterbunden.

**SCHNITT AUF AUSSENAUGE** ❧ Wie bei Obstbäumen und Sträuchern soll auch bei Rosen der Schnitt auf das »Außenauge«, d.h. ein von der Strauchmitte weisendes, gesundes Auge erfolgen. Damit wird ein kompakter und sich von unten aufbauender Strauchwuchs erzielt. Triebe aus Innenaugen stören die Luftigkeit und Lockerheit des Strauches und sind für andere Zweige Lichtkonkurrenten. Das

'Jayne Austin'

Kreuz- und Querwachsen bedingt Scheuerstellen und schafft Eintrittstellen für Schadorganismen.

**ENTFERNEN VON SPARRIGEM ALTHOLZ** ❧ Sollen Rosen jung und blühfreudig gehalten werden, werden alte, verholzte Teile mit der Astschere entfernt. Im späten Frühjahr wird oberhalb eines austreibenden Auges – wenn dies nicht vorhanden ist in ca. 30 cm Höhe – der verholzte Alttrieb vorsichtig aus dem Rosenstrauch herausgeschnitten, ohne dass dabei verbleibendes Jungholz verletzt wird.

**STARKER RÜCKSCHNITT BEI SCHWACHWÜCHSIGEN, SCHWACHER RÜCKSCHNITT BEI STARKWÜCHSIGEN ROSEN** ❧ Der Rückschnitt von Strauch- und Wildrosen sollte dosiert erfolgen – starker Rückschnitt fördert starkes Triebwachstum. Bei schwachwüchsigen Gartenrosen wie Edel- und Beetrosen fördert ein starker Rückschnitt die Blühfreudigkeit und die Erhaltung einer vom Boden weg verzweigten Strauchform.

**ENTFERNEN ABGEBLÜHTER BLÜTEN** ❧ Blumen blühen nicht, um zu gefallen, sondern um ihre Nachkommenschaft zu sichern.

Gutes Werkzeug erleichtert die Arbeit – die linke Schere mit Ambossauflage birgt die Gefahr von Rindenverletzungen, die rechte muss nachgezogen werden, sonst quetscht sie anstatt scharf zu schneiden.

## Schnitt von mehrfach blühenden Rosen

Bei mehrfach blühenden Rosen wird die verblühte Blüte weggeschnitten, um neuen Blütenansatz zu fördern.

Dies geschieht bei den Rosen durch die Ausbildung der Hagebutten, in die sehr viel Energie investiert wird. Ist man an schönem Hagebuttenschmuck interessiert, werden verblühte Blüten nicht entfernt. Bei mehrfach blühenden Edel-, Beet-, Strauch- und Kletterrosen ist ein Rückschnitt der abgeblühten Blüten angebracht, weil damit die Pflanze verstärkt zu erneutem Blühen angeregt wird.

**GUTES WERKZEUG** ❧ erleichtert die Schneidearbeiten. Für den Abheilprozess der Schnittwunde ist es wichtig, dass die Wunde möglichst klein, sauber und mit einer scharfen Schnittkante ausgeführt wird. Quetschungen der Rinde können zum Absterben ganzer Rindenpartien führen. Dies kann mit Scheren mit zwei scharfen Klingen vermieden werden. Billig gekauft ist oft teuer bezahlt. Gute Markenscheren können nach längerem Gebrauch optimal nachjustiert werden. Ersatzteile wie Federn und Klingen sind auch noch nach Jahren zu bekommen.

**Falscher Schnitt:**
Wird zu hoch geschnitten, trocknet der Aststummel zurück und ist Eintrittspforte für Schadorganismen.

**SCHNITTHÖHE ÜBER DEM AUGE** Idealerweise sollte etwa 5 mm schräg nach hinten abfallend über dem Auge geschnitten werden. Zu hoch geschnitten bedeutet, dass der nicht versorgte Aststummel zurücktrocknet und als Eintrittspforte für Schadorganismen offen steht. Zu knapp am Auge geschnitten führt zu dessen Beschädigung bzw. Austrocknen.

**SCHNITTVERTRÄGLICHE ROSEN** Rosen sind sehr schnittverträglich und regenerieren sich außerordentlich gut. Die Schnittmaßnahmen sollten dosiert durchgeführt werden, um nicht durch zu kräftigen Rückschnitt starkes Zweigwachstum zu erzwingen.

**WUNDVERSCHLUSS** Wundverschlussmittel sind bei Rosenrückschnitten nicht erforderlich. Dass »künstliche Rinde« die Funktion der natürlichen Rinde erfüllen kann, beispielsweise bei Abschürfung von Zweigen oder ganzen Rindenstücken, ist ein Irrglaube. Bei derartigen Verletzungen ist es viel wichtiger, ausgefranste Wundränder scharf nachzuschneiden. Nur entlang dieser Schnittführung sollte, wenn überhaupt, ein Wundverschlussmittel aufgebracht werden, nicht jedoch auf dem verbleibenden Holzteil der Wundfläche, weil unter einem flächig aufgebrachten Wundverschlussmittel Holz zerstörende Pilze gute Lebensbedingungen vorfinden können.

**Verjüngungsschnitt:**
Alte, verholzte Teile werden herausgeschnitten.

Kräftiger Austrieb im Mai nach starkem Verjüngungsschnitt im März

## Tipps zum Schnitt der wichtigsten Rosengruppen

**SCHNITT AN BEET- UND EDELROSEN** ❧ Sie werden im Herbst nach dem Blattfall auf etwa 30 cm Höhe zurückgenommen, um die Wuchskraft über Jahrzehnte zu erhalten und der Verkahlung von unten entgegenzuwirken. Dies verhindert auch bei nassem Schnee das Auseinanderbrechen zu hoher Zweige.

Erst im Frühjahr, sobald keine Spätfröste mehr zu befürchten sind, erfolgt ein starker Rückschnitt, wobei nur insgesamt 5 junge Austriebe mit je 2 bis 3 gesunden Augen stehen bleiben sollen. Damit wird die Wuchskraft über Jahrzehnte erhalten und der Verkahlung von unten entgegengewirkt. Die reiche Blüte und das gesunde Laub der Rosen im Sommer rechtfertigt diese scheinbar radikale Vorgehensweise.

**SCHNITT AN EINMAL BLÜHENDEN ROSEN** ❧ Im Gegensatz zu den mehrfach im Jahr blühenden Rosen, deren Blüten sich am Ende der frischen Triebe ausbilden, blühen die einmal blühenden Rosen aus Seitentrieben im nachfolgenden Jahr an den heurigen Jungtrieben. Um sich nicht um die Blütenfülle zu bringen, dürfen diese Jungtriebe nicht abgeschnitten werden. Nur Dürrholz und Altholz sollte entfernt werden und eventuell eine dosierte Verjüngung (Wegschneiden alter Äste, Einkürzen weniger Jungtriebe auf die Hälfte) erfolgen.

**SCHNITT AN WILDROSEN UND HECKENROSEN** ❧ Beiden Rosenarten lässt man am besten freie Entfaltung. Abgestorbenes Holz wird entfernt, zu dichte Pflanzen ausgelichtet.

Dabei empfiehlt sich ein Verjüngungsschnitt im mehrjährigen Turnus. Werden starkwüchsige Strauchrosen radikal zurückgeschnitten, ohne dass dabei der Wurzelbereich z. B. durch Bauarbeiten verringert wurde, so wird dies zu unverhältnismäßig starkem Durchtrieb einzelner Schösslinge führen und ein unharmonisches Bild entsteht.

## Beetrose vor und nach dem Schnitt

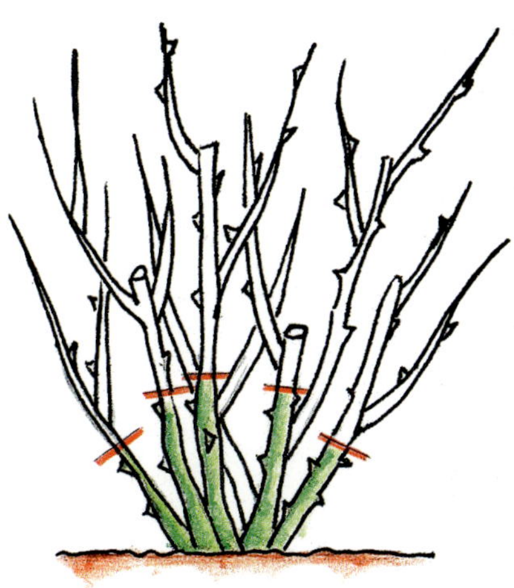

Beetrosen werden im Frühjahr, sobald keine Spätfröste mehr zu befürchten sind, kräftig zurückgeschnitten. Dabei wird der Rosenstock auf 5 junge Austriebe mit je 2 bis 3 gesunden Augen reduziert. Reiche Blüte und gesundes Laub der Rosen sind der Erfolg dieser scheinbar radikalen Vorgehensweise.

# Rosen vermehren – probieren Sie es selbst!

'Friesia'

**OKULIEREN ODER ÄUGELN** Die in Baumschulbetrieben am häufigsten angewandte Art der Rosenvermehrung beruht darauf, dass auf einer wilden Unterlage, dem »Wurzelbildner«, ein »Edelauge« eingesetzt wird. Das lässt sich auch durchaus im eigenen Garten machen!

- Ziehen Sie einige junge Wildrosen, am besten *Rosa canina,* heran und legen Sie im Juli die Wurzelhälse dieser Jungpflanzen, wenn sie etwa kleinfingerdick sind, frei. Der Wurzelhals wird von Erde gesäubert und mit einem trockenen Tuch abgewischt.
- Kurz vorher wird das Edelreis geschnitten – ein Zweig jener Sorte, die sie vermehren wollen. Die Blattstiele werden mit einer Schere ca. 1½ cm oberhalb des Edelauges, das geschützt unterhalb des Stielansatzes liegt, abgeschnitten und das Edelreis entstachelt. Wichtig ist, dass es von einem Trieb dieses Jahres stammt, jedoch schon ausreichend ausgereift ist.

Ein Tipp zur Prüfung des Reifezustandes: Edelreiser, die sich mit zwei Fingern nur schwer biegen lassen, sind geeignet. Von diesem Edelreis wird nun mit einem scharfen Messer das Auge abgelöst, der Holzanteil entfernt und der verbleibende Rindenteil mit dem Edelauge zur Veredelung vorbereitet.

- Durch einen 1,5 cm langen Längs- und einen Querschnitt am Wurzelhals der Wirtsrose bis zum Holz und dem danach folgenden Ablösen der Rinde vom Holz wird eine Möglichkeit geschaffen, das Edelauge in den Wurzelhals einzuschieben. Auf die richtige Länge des T-Schnittes abgeschnitten, ist die Veredelung auch schon fertig.
- Vor Vertrocknen durch ein Gummiplättchen geschützt überdauert sie den Winter, und im Frühjahr treibt das Edelauge aus. Danach wird der überstehende Wildstrauch abgeschnitten, damit die gesamte Kraft des Wurzelstockes dem Edelauge zugute kommt.

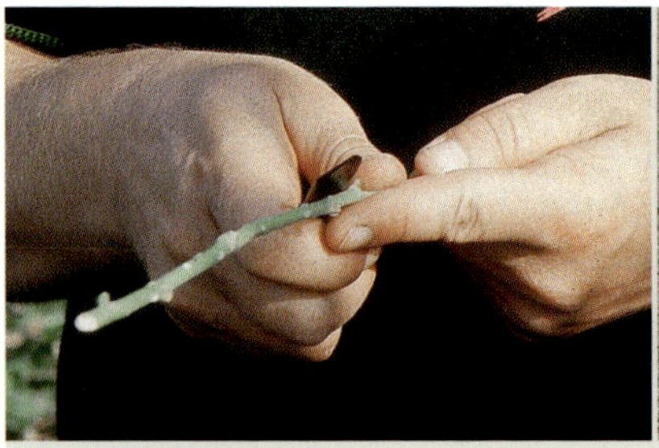

Auge schneiden

Eingesetztes Edelauge

Fertige Veredlung, Veredlungsmesser

**STECKLINGE** Von vielen Rosensorten lassen sich Stecklinge machen. Der Versuch lohnt es, erzielt man doch wurzelechte, d. h. aus einer einzigen Pflanze bestehende Rosenstöcke, bei denen man nicht das Austreiben von Wildtrieben fürchten muss.

Im Spätsommer werden verblühte Triebe von den Pflanzen abgenommen und auf ca. 15 cm Länge eingekürzt, wobei ein Auge den unteren Abschluss bilden soll. Von den darüber stehenden Blättern 2 bis 3 belassen. Die schräg angeschnittenen Stecklinge 5 cm tief in einen Topf mit einem lockeren, sandigen, mit etwas Gartenerde versetzten Substrat stecken. Wer auf Nummer sicher gehen will, taucht sie vorher an der Schnittstelle in ein Bewurzelungshormon. Dieser Topf überwintert in einem schattigen, frostfreien Raum. Der austreibende Steckling muss im Frühjahr pikiert, d. h. in seiner Länge eingekürzt werden. An den Schnittstellen können nun wieder neue Verzweigungen entstehen, aus denen sich ein buschiger Strauch entwickelt, der an entsprechend geschützter Stelle im Herbst verpflanzt werden kann.

**ABLEGER** Speziell bei Wild-, Kletter- und Rankrosen ist es einfach, Absenker oder Ableger zu machen. Ein biegsamer Trieb wird in der Wachstumsphase im Juli an einigen Stellen eingeschnitten, zu Boden gebogen und dort an den Schnittstellen mit Erde bedeckt, die feucht gehalten wird. Nach einiger Zeit bilden sich an den Verletzungen Wurzeltriebe. Der Ableger kann nun von seinem Mutterstock entfernt werden, sollte aber am Ort verbleiben und erst im nächsten Frühjahr an seinen neuen Platz gepflanzt werden.

**AUSSAAT** Diese Vermehrungsmethode eignet sich für Wildrosen, jedoch nicht, um Nachkommen einer bestimmten Edelsorte sortenrein zu erzielen. Hinweise zur Vorgangsweise finden sich im Kapitel »Warum nicht selber züchten«. Dabei zeigt sich die ganze Bandbreite, die das Leben in den Samen bereithält. Die gewünschte Elternsorte ist jedoch mit großer Wahrscheinlichkeit nicht dabei.

### Rose veredeln

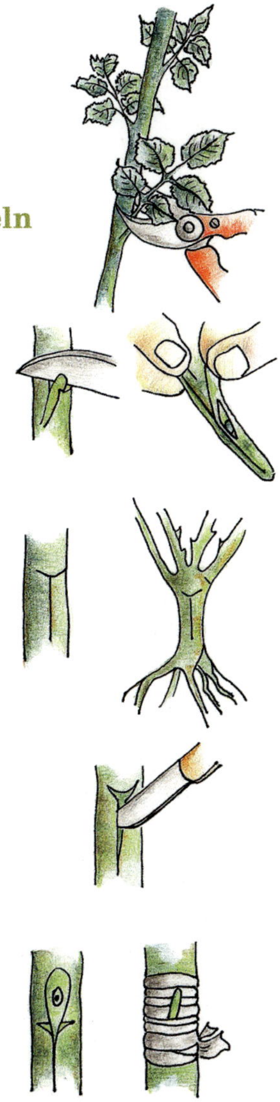

**AUSLÄUFER** Manche Rosenarten neigen dazu, Ausläufer zu treiben, deren Wurzeln wieder neue oberirdische Teile bilden können. An manchen Standorten kann dies lästig werden, für flächige Böschungsfestigungen ist es von Vorteil. Unter den Wildrosen neigen speziell *Rosa spinosissima*, *Rosa nitida*, *Rosa pimpinellifolia*, *Rosa gallica* und *Rosa rugosa* zu Ausläuferbildung.

# Überwinterung von Rosen

Starke Frostschäden – das schwarze Schadholz wird tief zurückgeschnitten.

Die Veredelungsstelle ist die Schwachstelle der Rosen – dort ist die Gefahr des Ausbrechens und vor allem des Auffrierens am größten. Daher bedürfen sie dort eines entsprechenden Schutzes im Winter. Bei Rosenstöcken, bei denen die Veredelungsstelle richtigerweise bereits beim Pflanzen knapp unter der Erde (5 cm) eingepflanzt wurde, wird nach dem herbstlichen Rückschnitt mit Erde angehäufelt. Dieser Schutz soll speziell im Frühjahr die ersten antreibenden Augen vor Spätfrösten bewahren. So stehen auch nach sehr strengen Wintern oder strengen Spätfrösten noch geschützte Augen zu Verfügung, auch wenn die nicht abgedeckten Teile der Rosenzweige dem Frost zum Opfer gefallen sind.

Bei Hochstammrosen wird die Veredelungsstelle in einen mit Stroh oder Holzwolle gefüllten Jutesack eingepackt. Keinesfalls dürfen Plastiksäcke zum Einsatz kommen, weil damit die notwendige Feuchtigkeitsabgabe unterbunden wird.

Entfernen Sie den erdigen oder strohigen Schutzmantel um ihre Rosen erst, wenn kaum mehr Spätfröste drohen – lassen Sie dabei aber Vorsicht walten, damit die jung angetriebenen Knospen nicht abgebrochen werden.

## Besonders frostharte Rosensorten

| | | |
|---|---|---|
| **HISTORISCHE ROSEN** | | |
| 'Frau Karl Druschki' | P. Lambert 1901 | weiß, sehr groß, gefüllt, leicht duftend, Remontantrose |
| 'Mrs. John Laing' | Bennet 1887 | Sämling von François Michelon, silbrigrosa, sehr groß, ballförmig gefüllt, intensiver Duft, Remontantrose |
| **EDELROSEN** | | |
| 'Duftwolke' | Tantau 1963 | orangerot, später purpurrot, intensiver Duft |

| | | |
|---|---|---|
| **BEETROSEN** | | |
| 'Allgold' | Le Grice 1956 | leuchtend goldgelb, gut verzweigt, locker buschig, 40–70 cm |
| 'Centenaire de Lourdes' | Delbard-Chabert 1958 | leuchtendes Zartrosa, halbgefüllt, Wildrosenduft, 180 cm |
| 'Montana' | Tantau 1974 | leuchtend rot, gefüllt |
| 'Schweizer Gruß' | Tantau 1952 | samtig dunkelrot, gut verzweigt, aufrecht, buschig, 50–70 cm |
| 'The Queen Elizabeth Rose' | Lammerts 1954 | silbrigrosa-zartrosa, aufrecht, 110 cm |
| **KLEINSTRAUCHROSEN** | | |
| 'Ferdy' | Keisei Rose Nursery 1985 | fuchsienrosa mit cremegelber Mitte, kleine Blüten, halb gefüllt |
| 'Mozart' | P. Lambert 1936 | rosa, Mitte weiß, klein, einfach, duftend |
| **STRAUCHROSEN** | | |
| 'Marguerite Hilling' | Hilling 1958 | Mutation von 'Nevada', karminrosa, einfach blühend, 200–300 cm |
| *Rosa foetida* 'Bicolor' | 1596 von Gerard entdeckt | Kapuzinerrose, orangerot mit goldgelber Rückseite, einfach, 150 cm |
| *Rosa rubrifolia = Rosa glauca* | 1814 entdeckt | europäische Wildrose der Gebirge, rotblättrige Rose, Hechtrose, rosa mit weißer Mitte, Blätter graugrün-blau, rotbraune Zweige, kugelige Hagebutten, bis 300 cm |
| *Rosa sericea f. pteracantha* | 1890 in China entdeckt | reinweiß, birnenförmige Hagebutte; junge Zweige mit großen, roten Stacheln, 200–300 cm |
| *Rosa sweginzowii marcrocarpa* | Vogel 1945 | hellrot-rosa, einfach, flaschenförmige, drüsigborstige, rote Hagebutten, bis 500 cm |
| 'Schneewittchen' | Kordes 1958 | reinweiß, gefüllt, 100–120 cm |
| 'Sparrieshoop' | Kordes 1952 | lachsrosa, einfach, duftend, 150–200 cm |
| **KLETTERROSEN** | | |
| 'American Pillar' | van Fleet 1902 | rosa, einfach blühend, 300–400 cm, R. wichuraiana |
| 'New Dawn' | Somerset Rose Nursery 1930 | duftend, weißlichrosa, locker gefüllt, 300 cm |
| 'Rosarium Uetersen' | Kordes 1977 | kräftig rosa, silbrig überhaucht, große gefüllte Blüte |

# Schädlinge und Krankheiten an Rosen

Dieselbe Pflanze (Rosensorte 'Fragezeichen') einmal zur Blütezeit im Juni und völlig entblättert im Herbst.

### Besonders frostharte Rosensorten

| | Sternrußtau | Echter Mehltau | Falscher Mehltau | Rosenrost |
|---|---|---|---|---|
| Allgemeines | Weiterentwicklung auf abgestorbenem Blattmaterial; gefährlichste Pilzkrankheit | eine der verbreitetsten Rosenkrankheit, ca. 7000 Wirtspflanzen | viele Wirtspflanzen, nur auf lebendem Gewebe | kein Zwischenwirt, Überwinterung auf abgefallenen Blättern |
| Auftreten und Entwicklungsbedingungen | feuchte Witterung, Verbreitung der Sporen durch Regen oder Gießen von oben, Sporenkeimung schon ab 0 °C, optimal bei 18 °C | bei feuchtwarmer Witterung an schlecht belüfteten Standorten optimale Luftfeuchte 70 %, optimale Temperatur 20–25 °C | bei Temperaturschwankungen im Spätsommer, längere Blattnässeperioden, Verbreitung durch Luft, Gießwasser und Regentropfen | kühle, feuchte Standorte bzw. Witterung (13–20 °C) |
| Symptome an Rosen | kleine, braune, sternförmige Flecken auf den Blättern, Gelbfärbung rund um diese Flecken | mehliger Belag auf Blattober- und unterseite an jungen Pflanzenteilen, abwischbar, auch an Stängel und Blüten | nur an Blattoberseite und Trieben braune bis schwarze unregelmäßige Flecken, Blattunterseite mit weißlich bis gräulichem Pilzrasen | blattoberseits gelblichbraune Flecken über orangefärbigen Sporenpusteln |
| Auswirkung | Abfallen der Blätter | Verbräunen und Abfallen der Pflanzenteile | Absterben junger Pflanzentriebe, Blütenwelken | totaler Blattfall |
| Vorbeugung | regelmäßiger Schnitt, damit Laub gut abtrocknen kann, Pflanzung in lockere, durchlässige, humose Erde | lockere Pflanzung, keine stickstofforientierte Düngung | abgefallenes Laub aufsammeln und vernichten | altes, befallenes Laub entsorgen |

## Häufig auftretende Rosenschädlinge

**BLATTLÄUSE:** befallen junge Rosentriebe, die dann verkrüppeln. Warme und trockene Witterung begünstigt den Befall.

VORBEUGUNG: auf stickstoffbetonte Düngung verzichten, Salbei, Tagetes oder Zwiebelgewächse beipflanzen
NATÜRLICHE FEINDE: Florfliegen, Marienkäfer, Schwebfliegen
SOFORTMASSNAHME: Zwiebelbrühe, Abspritzen mit einem kalten, scharfen Wasserstrahl bei warmen Temperaturen, diverse biologische Spritzmittel

**SPINNMILBE:** auch rote Spinne genannt, tritt vor allem an heißen trockenen Standorten mit wenig Luftbewegung, bei Rosen zwischen Pflasterflächen oder Kletterrosen an Wänden auf.

VORBEUGEND: Winterspritzung mit Weißöl
NATÜRLICHE FEINDE: Raubmilben, Wanzen
SOFORTMASSNAHME: Brennnesseljauche, Schachtelhalmbrühe

**BLATTROLLWESPE:** Schon beim Austrieb rollen sich die Blätter besonders bei großlaubigen Rosen ein.

NATÜRLICHE FEINDE: Singvögel, besonders Blaumeisen sowie Igel, Schlupfwespen, Spinnen
SOFORTMASSNAHME: eingerollte Blätter sofort abschneiden und als Restmüll entsorgen

**ROSENZIKADEN:** Die kleinen, weißen Insekten saugen an der Blattunterseite und treten speziell bei starker sommerlicher Hitze in großen Mengen auf, bei Regen und Kälte kaum.

NATÜRLICHE FEINDE: Raubmilben, Florfliegen-Larven, Schlupfwespen
VORBEUGEND: kalkhältiges Steinmehl wirkt Pflanzen kräftigend, stickstoffbetonte Düngung vermeiden (schwächend), Winterspritzung mit Weißöl
SOFORTMASSNAHME starker Rückschnitt im Frühjahr, Brennnesselbrühe

**PILZERKRANKUNGEN VORBEUGEN**

- keine Bewässerung von oben
- widerstandsfähige Sorten pflanzen
- Schachtelhalmbrühe und Brennnesseljauche zur Stärkung des Blattgewebes
- Holzasche ausstreuen
- Wundstellen bieten Eintrittspforten für die Sporen von Schadpilzen, deshalb mechanische Schäden vermeiden, Wundstellen so klein wie möglich halten, durch saubere Schnitte die Selbstheilkraft der Pflanze fördern

Der schillernde Rosenkäfer richtet nur geringen Schaden in der Blüte der Chinarose an.

# Biologische Maßnahmen

Rosen bieten Nützlingen Nahrung und Unterschlupf.

## Nützlinge fördern

Die Förderung von Nützlingen trägt zu einem gesunden Gleichgewicht im Garten bei. Hecken sind Nützlingsrefugien für Raubmilben, Marienkäfer, Laufkäfer, Ohrwürmer und vor allem frei brütende Vögel. Reisig, Totholz oder Steinhaufen und Trockenmauern dienen als ideale Unterschlupfmöglichkeiten für Igel, Spinnen, Eidechsen und Kröten. Für eine kleine Blumenwiese oder sogar blühende Unkräuter sollte in jedem Garten etwas Platz sein, bieten sie doch Heimat und Nahrung für Nützlinge wie Schwebfliegen, Raubwanzen, Marienkäfer, Schlupfwespen, Bienen und Florfliegen, die Pollen und Nektar verschiedener Blütenpflanzen benötigen.

## Hilfe aus dem eigenen Garten – Brühen und Jauchen

Seit alters helfen Brühen und Jauchen Pflanzen zu stärken, Schädlinge und Krankheiten zu bekämpfen oder ihnen vorzubeugen. Sie funktionieren nicht wie chemische Mittel, die sofortige Wirkung zeigen, sondern helfen bei regelmäßiger Anwendung in Verbindung mit naturnaher Kulturführung. Sie sind sowohl als fertige Präparate im Handel erhältlich, als auch sehr leicht selbst anzusetzen.

**JAUCHEN** In einem ca. 50-Liter-Fass aus Holz oder Kunststoff, an einem schattigen, wegen möglicher geruchsintensiver Phasen etwas abgelegenen Platz, werden die Kräuter und Inhaltsstoffe mit der entsprechenden

### Für Rosen geeignete Jauchen

| Jauchen | Einsatzbereich | Wirkung |
|---|---|---|
| **Beinwellkraut** | Kaliumdüngung, unverdünnt ausbringen | Pflanzen stärkend, fördert Widerstandsfähigkeit der Blattmasse und Ausreifung des Holzes (Frosthärte) |
| **Farnkraut (Adlerfarn/Wurmfarn)** | gegen Blatt- und Schildläuse, Kaliumdüngung, unverdünnt ausbringen, Schädlingsbekämpfung | Frosthärte fördernd |
| **Frische Zwiebel** | gegen Pilzkrankheiten, unverdünnt ausbringen | vorbeugend gegen Pilzkrankheiten |
| **Brennessljauche** | gegen Schädlinge (besonders Spinnmilben), 40 ml auf 1 l Wasser verdünnen | Pflanzen stärkend, Wachstums fördernd |

Menge Wasser angesetzt. Mit täglichem Umrühren unterstützt man den Gärungsprozess, der nach etwa 10–20 Tagen abgeschlossen ist – zu erkennen daran, dass die Schaumbildung aufgehört hat. Die Ausbringung erfolgt durch Gießen oder mit der Gartenspritze.

**BRÜHEN** Die zerkleinerten Pflanzenteile werden für 24 Stunden in Wasser eingelegt, danach ca. ½ Stunde aufgekocht und nach dem Abkühlen durchgeseiht.

- **SCHACHTELHALMBRÜHE:** 1 kg frische Schachtelhalme auf 10 l Wasser aufgebrüht und unverdünnt aufgebracht hilft bei wöchentlichem Spritzen während des Austriebs gegen Pilzkrankheiten an Rosen.
- **SEIFENBRÜHEN:** Nur reine Schmierseifen ohne Parfumzusätze verwenden. Bei Befall gespritzt helfen sie gegen Blattläuse und Spinnmilben. 20 ml auf 1 l Wasser verdünnen.
- **BALDRIANBLÜTENBRÜHE:** fördert den Frostschutz und die Blüten- und Fruchtbildung. 1 Tropfen der ausgepressten Blüten auf 1 l Wasser verdünnen.
- **BRENNNESSELKRAUT-KALTWASSERBRÜHE:** 1 kg Brennnesseln auf 10 l Wasser etwa 1 Tag lang ansetzen. Keinesfalls kochen! Bewährt gegen Blattläuse, bei Bedarf hilft eine Spritzung. Die Brühe wirkt generell Pflanzen stärkend. Unverdünnt aufbringen.

**Der wichtigste Teil der Arbeit um gesunde Rosen zu erzielen beginnt lange bevor man über Pflanzenschutzmaßnahmen nachdenkt: bei der Anlage des Gartens, der Wahl des Standortes der Rosen und der Auswahl der richtigen Rosensorten.**

**DIE WIDERSTANDSKRAFT DER ROSEN FÖRDERN**

- Beachtung der Standortansprüche (Klima, Boden)
- Vermeidung des Pflanzens von Rosen auf alte Rosenstandorte (s. Bodenmüdigkeit)
- Standortangepasste Sortenwahl
- Bemessung eines ausreichenden Standraumes
- Harmonische Nährstoffzufuhr, auf Ergebnisse regelmäßiger Bodenuntersuchungen abgestimmt
- Der Witterung und Tageszeit angemessene Bewässerung
- Bodenabdeckung durch Mulchmaterial
- Entfernen und Entsorgung von geschädigten Pflanzenteilen oder ganzen Pflanzen
- Eine interessante Ergänzung ist der Einsatz von Pflanzenstärkungsmitteln auf homöopathischer Basis
- Einsatz von Pflanzenschutzmitteln auf biologischer Basis (z. B. Neem-Baumprodukte) in Verbindung mit Pflanzen stärkenden Maßnahmen

# Infos & Adressen zum Thema Rosen

Östereichisches Rosarium, Baden bei Wien

## Rosenschaugärten

**ROSENSCHAUGÄRTEN IN ÖSTERREICH**

**ÖSTERREICHISCHES ROSARIUM, BADEN BEI WIEN** **(Doblhoffpark, Pelzgasse, 2500 Baden bei Wien)** mit dem internationalen Prüfgarten. Auf über 80.000 m² blühen im Badener Rosarium über 30.000 Rosenstöcke in mehr als 600 verschiedenen Sorten. Den würdigen Rahmen bildet die historische Gartenanlage des Doblhoffparks, einer ehemals barocken Prachtanlage. Erstmals 1233 urkundlich erwähnt, bietet sich dem Besucher heute eine historische Anlage mit dem modernen Leitmotiv der Rose. Diese Kulisse bildet den Rahmen für das österreichische Rosarium, wo eine Vielzahl von Wildrosen und Historischen Rosen bereits seit dem Jahr 1969 in ihrer Entwicklung zu sehen sind. Aus dem im Handel erhältlichen Rosensortiment werden immer wieder die neuen Sorten ausgepflanzt, um deren langfristige Eignung und besonders ihre Gesundheit und Wuchskraft auf lange Zeit beobachten zu können. Das Badener Rosarium beherbergt auch den einzigen internationalen Rosenprüfgarten Österreichs. Alljährlich finden im Juni im Badener Rosarium die Rosentage statt. Ein Reigen von Fachveranstaltungen mit Vorträgen und Kursen über Rosenpflege und Sorteneignung sowie Duftspaziergänge und Kurse für das Arrangieren von Rosen finden in der alljährlichen Schnittrosenschau Mitte Juni in der historischen Orangerie ihren Höhepunkt.

**ROSENSAMMLUNG IN HIRSCHSTETTEN, WIEN** **(Spargelfeldstraße 75, 1220 Wien)** Neu angelegte Rosensammlung mit derzeit rund 15.000 Rosenstöcken

**DONAUPARK, WIEN** **(1220 Wien)** Das 2 ha große Rosarium geht auf die Wiener Internationale Gartenschau WIG 64 zurück

**BOTANISCHER GARTEN, LINZ** **(Roseggerstraße 20, 4010 Linz)** Interessante Sammlung an Wildrosen und Historischen Rosen

**ROSENSCHAUGÄRTEN IN DEUTSCHLAND**

**PARK WILHELMSHÖHE – BOTANISCHER GARTEN, KASSEL** Der Park wurde in Erinnerung an das bereits 1766 angelegte Rosarium 1978 erneuert errichtet; gepflanzte Geschichte der Strauchrosen von der Wildrose über ihre Gartenformen bis zu den heutigen dauernd blühenden Strauchrosenzüchtungen.

**ROSARIUM SANGERHAUSEN** **(Steinberger Weg 3, D-06526 Sangerhausen)** 1903 gegründet, 6500 Rosensorten und -arten in einer 12,5 ha großen Anlage, größte Sammlung an Wildrosen und Gartenrosen in Deutschland

**DEUTSCHES ROSARIUM IM WESTFALENPARK, DORTMUND** **(Am Kaiserhain 25)** Beet- und Edelrosen aus aller Welt, umfassender Bestand an Wildrosen und Historischen Rosen

**EUROPAS ROSENGARTEN, ZWEIBRÜCKEN** **(D-66482 Zweibrücken)** Umfangreicher Bestand an Garten- und Wildrosen

**INSEL MAINAU/ BODENSEE** Italienischer Rosengarten, Straße der Wildrosen, Sammlung historischer Strauchrosen

#### ROSENSCHAUGÄRTEN IN FRANKREICH

**⁙ LA ROSERAIE DE L'HAY-LES-ROSES/ VAL-DE-MARNE (Roseraie Rue Albert-Watel, F-94240 L'Hay-les-Roses)** 1895 in der geometrischen Form eines Fächers angelegter Park mit einer umfassenden Rosensammlung.

**⁙ ROSERAIE DU PARC DE BAGATELLE, PARIS (im Bois de Boulogne)** Großer Bestand an Beet- und Edelrosen. Im Park verstreut: Wildrosen und Raritäten Historischer Rosen, mit Buchs eingefasste Beete und eingestreute Hochstammrosen. Eine großartige Anlage im Stil des Englischen Landschaftsparks.

#### ROSENSCHAUGÄRTEN IN ITALIEN
**ROSENBLÜTE BEREITS MITTE MAI!**

**⁙ OASI DI NINFA (04010 Doganella di Ninfa, Prov. Latina, ca. 60 km südlich von Rom)** Im zauberhaften Ambiente eines verfallenen mittelalterlichen Dorfes wurde ein Park mit Strauch- und Kletterrosen angelegt.

**⁙ ROSETO COMUNALE ROMA (Via di Valle)** 1950 angelegter Rosengarten, auf einer Fläche von 10.000 $m^2$. Rosenhang oberhalb des Hippodroms mit herrlichem Blick auf die Ruinen des Palatin-Hügels und der Stadt. Zweigeteilter Garten mit einer 1200 Rosensorten umfassenden Sammlung und einem Rosenprüfgarten.

## Rosen-Liebhabervereine

**⁙ ROSENFREUNDE IN DER ÖSTERREICHISCHE GARTENBAUGESELLSCHAFT**
Siebeckstraße 14, 1220 Wien,
Tel. 01/512 84 16, www.garten.or.at

**⁙ VEREIN DEUTSCHER ROSENFREUNDE,** D-76530 Baden-Baden, Waldseestraße 14,
Tel. 0049 71 21/31 302, www.rosenfreunde.de

**⁙ GESELLSCHAFT DER SCHWEIZER ROSENFREUNDE,** CH-8820 Wädenswil,
Schlossbergstraße 23, Tel. 0041 1 780 05 15,
www.rosenfreunde.ch

## Empfehlenswerte Rosenbaumschulen

#### ROSENBAUMSCHULEN IN ÖSTERREICH

**⁙ REGIONALE GEHÖLZVERMEHRUNG**
2020 Aspersdorf, Zeile 85, office@rgv.co.at, www.rgv.co.at

**⁙ FIRMA PRASKAC**
3430 Tulln, Praskacstraße 101–108,
Tel. 02272/624 60-0, www.praskac.at

**⁙ FIRMA STARKL**
3430 Frauenhofen/Tulln,Gärtnerstraße 4,
Tel. 02272/642 42, www.gaertner-starkl.at

**⁙ FIRMA VIELLIEBER**
8042 Graz, Dr. Pfaffgasse 5,
Tel. 0316/471 319, www.viellieber.at

#### ROSENBAUMSCHULEN IN DER SCHWEIZ

**⁙ FIRMA HUBER**
CH-5605 Dottikon, Rosenbühlstraße 8
Tel. 0041 56 624 18 27, www.rosen-huber.ch

#### ROSENBAUMSCHULEN IN DEUTSCHLAND

**⁙ W. KORDES' SÖHNE**
D-25365 Klein Offenseth-Sparrieshoop, Rosenstraße 54,
Tel. 0049 41 21/487 00, www.kordes-rosen.com

**⁙ WALTER SCHULTHEIS**
D-61231 Bad Nauheim-Steinfurth, Rosenhof,
Tel. 0049 60 32 81 013, www.bio-gaertner.de

**⁙ ROSENWELT TANTAU**
D-25436 Uetersen, Tornescher Weg 13,
Tel. 0049 41 22/70 87, www.rosen-tantau.com

**⁙ NOACK-ROSEN**
D-33334 Gütersloh, Im Fenne 54, Tel. 0049 52 41/20 187

**⁙ ROSEN-UNION E.G.**
D-61231 Bad Nauheim-Steinfurth, Steinfurther Hauptstraße 27, Tel. 0049 60 32/96 53 01, www.rosen-union.de

**⁙ ROSEN JENSEN GMBH**
D-24960 Glücksburg, Am Schloßpark 2b,
Tel. 00 49 46 31/60 100, www.rosen-jensen.de

**⁙ BIOLAND ROSENSCHULE RUF**
D-61231 Bad Nauheim-Steinfurth, Zum Sauerbrunnen 35,
Tel. 00 49 60 32/81 893, www.rosenschule-ruf.de

## IMPRESSUM


Druck- und Verlagsges.m.b.H. Nfg. KG
Sturzgasse 1a
A-1141 Wien
www.avbuch.at



**PROJEKTLEITUNG** (Lektorat & Herstellung):
Elke Papouschek für den Österreichischen Agrarverlag, Wien
**KORREKTORAT** Mag. Bettina Jakl-Dresel, Wien
**GRAFISCHE FESTALTUNG & SATZ** Alexander Schuh, o- büro für visuelle kommunikation, Wien
**BILDREPRODUKTION** Hantsch & Jesch PrePress Services OEG, Leopoldsdorf bei Wien
**ILLUSTRATIONEN** Doris Papouschek, Wien
Printed in Austria
**DRUCK** agensketterl Druckerei GmbH

ISBN 978-3-7040-2095-6

## Bildquellen

Umschlagbild: Bildarchiv Laux

Wolfgang Redeleit: 32 oben, 46 (WH)

Gerhard Weber: Seite 6 unten, 14 unten beide, 16 oben (WH) und unten, 18, 19, 20 beide, 21, 22, 23 links und rechts, 24, 25, 28 unten, 32 unten, 35 unten, 38 beide, 42 beide, 48 oben (WH), 49 oben und Mitte, 50 unten (WH), 54, 55 alle, 56 alle außer oben, Seite 57 alle außer 'Heritage', 58 alle, 59 alle, 66 beide, 67, 68 alle, 70 oben (WH) und unten, 72, 74 beide, 75, 76, 78

Böswirth & Thinschmidt: Seite 3, 7 unten, 10, 39 rechts, 60/61, 63, 65 unten

Simone Andress: Seite 4/5, 6 oben, 7 oben, 8, 11, 13, 14 oben, 15, 17, 25 links, 26, 27, 28 oben, 33, 34, 35 oben (WH), 36, 37, 39 links, 52/53 (WH), 57 ('Heritage'), 77

Bildarchiv Laux: Seite 9, 23 Mitte, 30/31, 40/41, 43, 44 beide (oben: WH), 45 beide, 47 beide (oben: WH), 48 unten (WH), 49 unten, 50 oben, 51, 56 oben, 62 (WH vom Cover), 64, 65 oben (WH)